Next.js 实战

[美] 米歇尔·里瓦　著

李　伟　译

清華大学出版社

北　京

内 容 简 介

本书详细阐述了与 Next.js 框架相关的基本解决方案，主要包括 Next.js 简介、不同的渲染策略、Next.js 基础知识和内建组件、在 Next.js 中组织代码库和获取数据、在 Next.js 中管理本地和全局状态、CSS 和内建样式化方法、使用 UI 框架、使用自定义服务器、测试 Next.js、与 SEO 协同工作和性能管理、不同的部署平台、管理身份验证机制和用户会话、利用 Next.js 和 GraphCMS 构建电子商务网站等内容。此外，本书还提供了相应的示例、代码，以帮助读者进一步理解相关方案的实现过程。

本书适合作为高等院校计算机及相关专业的教材和教学参考书，也可作为相关开发人员的自学用书和参考手册。

北京市版权局著作权合同登记号 图字：01-2022-1460

图书在版编目（CIP）数据

Next.js 实战 ／（美）米歇尔·里瓦著；李伟译. —北京：清华大学出版社，2022.11
书名原文：Real-World Next.js
ISBN 978-7-302-62042-6

Ⅰ. ①N… Ⅱ. ①米… ②李… Ⅲ. ①JAVA 语言—程序设计 Ⅳ. ①TP312.8

中国版本图书馆 CIP 数据核字（2022）第 193086 号

责任编辑：贾小红
封面设计：刘　超
版式设计：文森时代
责任校对：马军令
责任印制：沈　露

出版发行：清华大学出版社
　　　　网　　　址：http://www.tup.com.cn，http://www.wqbook.com
　　　　地　　　址：北京清华大学学研大厦 A 座　　邮　　编：100084
　　　　社 总 机：010-83470000　　邮　　购：010-62786544
　　　　投稿与读者服务：010-62776969，c-service@tup.tsinghua.edu.cn
　　　　质量反馈：010-62772015，zhiliang@tup.tsinghua.edu.cn
印 装 者：保定市中画美凯印刷有限公司
经　　销：全国新华书店
开　　本：185mm×230mm　　印　　张：17.75　　字　　数：354 千字
版　　次：2022 年 12 月第 1 版　　印　　次：2022 年 12 月第 1 次印刷
定　　价：99.00 元

产品编号：095377-01

译 者 序

近些年来，Web 开发发生了显著的变化。在现代 JavaScript 框架出现之前，创建动态 Web 应用程序十分复杂，且需要多个不同的库和多种不同的配置方法可使其按照期望的方式工作。Next.js 是一个可扩展和高性能的 React.js 框架，适用于现代 Web 开发。Next.js 还提供了大量的特性，如混合渲染、路由预取、自动图像优化和国际化。如果您想创建一个博客、一个电子商务网站，或一个简单的网站，本书将向您展示如何使用多用途的 Next.js 框架实现相关功能。

本书从 Next.js 的基础知识开始，介绍了 Next.js 框架如何帮助您实现开发目标。在构建实际应用程序时，读者将逐步了解 Next.js 的多样性。本书将指导您为网站选择正确的渲染方法，并将它部署到不同的供应商，同时关注性能和开发人员的开发体验。具体来说，本书主要包括不同的渲染技术，Next.js 基础知识和内建组件，在 Next.js 中组织代码库和获取数据，管理本地和全局状态，CSS 和内建样式化方法，使用 UI 框架，使用自定义服务器，测试 Next.js，SEO 和性能管理，不同的部署平台，管理身份验证和用户会话，构建电子商务网站等内容。

在本书的翻译过程中，除李伟之外，张华臻、刘璋、刘祎、张博也参与了本书的部分翻译工作，在此一并表示感谢。由于译者水平有限，书中难免有疏漏和不妥之处，在此诚挚欢迎读者提出任何意见和建议。

前　言

Next.js 是一个面向现代 Web 开发的、可扩展的、高性能的 React.js 框架，提供了大量的特性，如混合渲染、路由预取、自动图像优化和国际化机制。

Next.js 是一项令人激动的技术，具有多种用途。如果用户（或其公司）打算创建一个电子商务平台、博客或者一个简单的站点，本书将引领读者学习如何在不影响性能、用户体验和开发人员满意度的情况下实现这些功能。本书首先讨论 Next.js 的基础知识，读者将理解框架如何帮助你实现相关目标；通过逐步构建真实的应用程序，读者将认识到 Next.js 的多样性。另外，读者还将学习如何针对站点选择适当的渲染方法、安全机制，以及如何将其发布至不同的提供商。其间，我们将重点讨论性能和开发人员满意度等问题。

在阅读完本书后，读者将能够使用任何无头 CMS 或数据源，并借助于 Next.js 设计、构建和部署现代架构。

适用读者

本书适用于那些想要通过现代 Web 框架（如 Next.js）构建可扩展和可维护的全栈应用程序以提升 React 技能的 Web 开发人员。本书假设读者具备 ES6+、React、Node.js 和 REST 方面的中级知识。

本书内容

第 1 章主要介绍框架的基础知识，其间将展示如何构建一个新项目、如何自定义配置，以及如何将 TypeScript 用作 Next.js 开发的主编程语言（如果必要）。

第 2 章讨论渲染方法、服务器端渲染之间的差异、静态站点生成、增量静态再生等。

第 3 章深入考查 Next.js 路由系统和必要的内建组件，并重点讨论搜索引擎的优化和性能。

第 4 章介绍如何组织一个 Next.js 项目，以及如何在服务器端和客户端上获取数据。

第 5 章介绍基于 React Context 和 Redux 的状态管理，以及如何处理本地状态（组件级别）和全局状态（应用程序范围）。

第 6 章介绍构建于 Next.js 中的基本样式方法，如 Styled JSX 和 CSS 模块。此外，本章还展示如何针对本地开发和产品构建启用 SASS 预处理器。

第 7 章引入一些现代 UI 框架以结束与样式机制相关的讨论，如 TailwindCSS、Chakra UI 和 Headless UI。

第 8 章讨论是否需要针对 Next.js 应用程序使用一个自定义服务器。除此之外，本章还展示如何将 Next.js 与较为常见的 Node.js 框架进行集成，即 Express.js 和 Fastify。

第 9 章通过 Cypress 和 react-testing-library 考查与单元测试和端到端测试相关的一些最佳实践方案。

第 10 章通过一些有用的 Next.js 应用程序提示和技巧深入考查 SEO 和性能提升问题。

第 11 章展示如何选取正确的平台以托管 Next.js 应用程序（取决于应用程序的特性和其他方面的内容）。

第 12 章阐述如何通过选取正确的身份验证提供商来安全地管理用户的身份验证。除此之外，本章还展示如何将 Auth0（一个较为流行的身份管理平台）与 Next.js 应用程序进行集成。

第 13 章利用 Next.js、Chakra UI 和 GraphCMS 创建一个真实的 Next.js 电子商务平台。

第 14 章给出一些如何继续学习框架和提供商方面的技巧，并通过一些示例项目予以实现，以进一步巩固 Next.js 方面的知识。

软件和硬件需求

为了深入理解本书内容，读者需要亲自编写各章节中所展示的代码。如果该过程中出现任何错误，读者可访问本书的 GitHub 储存库下载示例代码。

本书的软件和硬件需求如表 1 所示。

表 1

软件和硬件需求	操作系统需求
Next.js	Windows、macOS 或 Linux
Node.js（包括 npm 和 yarn）	Windows、macOS 或 Linux
Docker（第 11 章将使用 Docker）	Windows、macOS 或 Linux

下载示例代码文件

读者可访问本书的 GitHub 存储库查看本书中的示例代码文件，对应网址为 https://github.com/PacktPublishing/Real-World-Next.js。如果代码有更新，GitHub 储存库也将随之更新。

除此之外，读者还可访问 https://github.com/PacktPublishing/获取本书的其他代码包和视频内容。

下载彩色图像

我们还提供了一个 PDF 文件，其中包含彩色的屏幕截图和本书中所使用的图表，读者可访问 https://static.packt-cdn.com/downloads/9781801073493_ColorImages.pdf 进行下载。

本书约定

（1）代码块的设置如下所示。

```
export async function getServerSideProps({ params }) {
  const { name } = params;

  return {
    props: {
      name
    }
  }
}

function Greet(props) {
```

```
  return (
    <h1> Hello, {props.name}! </h1>
  )
}

export default Greet;
```

（2）当我们希望引起读者注意代码块的特定部分时，相关行或项目则采用粗体进行显示，如下所示。

```
<Link href='/blog/2021-01-01/happy-new-year'>
    Read post
</Link>
<Link href='/blog/2021-03-05/match-update'>
    Read post
</Link>
<Link href='/blog/2021-04-23/i-love-nextjs'>
    Read post
</Link>
```

（3）任何命令行的输入或输出都采用如下所示的粗体代码形式。

```
echo "Hello, world!" >> ./public/index.txt
```

读者反馈和客户支持

欢迎读者对本书提出建议或意见。

对此，读者可向 customercare@packtpub.com 发送邮件，并以书名作为邮件标题。

勘误表

尽管我们希望做到尽善尽美，但书中欠妥之处在所难免。如果读者发现谬误之处，无论是文字错误抑或代码错误，还望不吝赐教。对此，读者可访问 www.packtpub.com/support-errata，选取对应书籍，输入并提交相关问题的详细内容。

版权须知

一直以来，互联网上的版权问题从未间断，Packt 出版社对此类问题非常重视。若读者在互联网上发现本书任意形式的副本，请告知我们网络地址或网站名称，我们将对此予以处理。关于盗版问题，读者可发送电子邮件至 copyright@packtpub.com。

若读者针对某项技术具有专家级的见解，抑或计划撰写书籍或完善某部著作的出版工作，则可访问 authors.packtpub.com。

问题解答

若读者对本书有任何疑问，均可发送电子邮件至 questions@packtpub.com，我们将竭诚为您服务。

目　　录

第 1 部分　Next.js 概述

第 2 部分 Next.js 实战

第 1 部分

Next.js 概述

第 1 部分内容主要包含 Next.js 的基础知识，其间涉及 Next.js 与其他框架之间的差别、Next.js 的特性以及如何开始一个新项目。

这一部分内容主要包含下列 3 章。

第 1 章，Next.js 简介。

第 2 章，不同的渲染策略。

第 3 章，Next.js 基础知识和内建组件。

第 1 章　Next.js 简介

Next.js 是一个针对 React 的开源 JavaScript 框架，其中包含了丰富的特征集，如服务器端渲染、静态站点生成和增量静态再生，而这些仅是众多内置组件和插件中的一部分内容，这一类组件和插件使得 Next.js 也成为企业级应用程序和小型站点的框架。

本书旨在向读者展示 Next.js 框架在构建真实应用程序和用例时的所有潜在功能，如电子商务网站和博客平台。其间，读者将学习 Next.js 的基础知识、如何在不同的渲染策略和开发方法之间进行选择，以及可扩展和可维护 Web 应用程序的不同建议和方案。

本章主要包含下列主题。

- ❑ Next.js 框架简介。
- ❑ Next.js 和其他流行替代方案之间的比较。
- ❑ Next.js 和客户端 React 之间的差别。
- ❑ 默认 Next.js 项目的具体内容。
- ❑ 如何利用 TypeScript 开发 Next.js 应用程序。
- ❑ 如何自定义 Babel 和 Webpack 配置内容。

1.1　技 术 需 求

为了启动 Next.js，我们需要在机器上安装一组依赖项。

其中，首先需要安装 Node.js 和 npm。对此，读者可访问 https://www.nodejsdesignpatterns.com/blog/5-ways-to-install-node-js 查看与安装相关的学习内容。

如果不打算在本地机器上安装 Node.js，一些在线平台将允许读者免费使用在线 IDE 运行本书中的代码示例，如 https://codesandbox.io 和 https://repl.it。

一旦同时安装了 Node.js 和 npm（或者使用某种在线环境），后续工作仅需要遵循本书各部分中的指令就可使用 npm 安装所需的特定项目依赖项。

读者可访问 GitHub 储存库中的 https://github.com/PacktPublishing/Real-World-Next.js 部分查看一个完整的代码示例。为了对 Next.js 进行试验，读者可自由地分支、克隆和编辑该储存库。

1.2　引入 Next.js

近些年来，Web 开发发生了显著的变化。在现代 JavaScript 框架出现之前，创建动态 Web 应用程序十分复杂，且需要多个不同的库和配置方可使其按照期望方式工作。

Angular、React、Vue 和所有其他框架都使 Web 得以快速发展，并为 Web 开发带来了一些非常创新的想法。

React 是由 Facebook 公司的 Jordan walker 创建的，且深受 XHP Hack Library 的影响。XHP 允许 Facebook 的 PHP 和 Hack 开发人员为其应用程序前端创建可重用的组件。2013 年，JavaScript 变为开源，并永久地改变了站点、Web 应用程序、原生应用程序（基于 React Native），甚至是 VR 体验（基于 React VR）的构建方式。最终，React 一举成为最受欢迎的 JavaScript 库之一。针对不同的功能，数以百万计的网站在生产中都使用了 React。

这里存在一个问题：默认状态下，React 运行于客户端（这意味着，React 运行于 Web 浏览器上）。因此，完全采用 React 库编写的 Web 应用程序将对搜索引擎优化（SEO）和初始加载性能产生负面影响，因为该过程将占用一定的时间方可被正确地渲染至屏幕上。实际上，为了显示完整的 Web 应用程序，浏览器需要下载所有的应用程序包、解析其内容，随后执行并在浏览器上渲染结果，该过程将占用几秒的时间（对于大型应用程序）。

因此，许多公司和开发人员开始研究如何在服务器上预渲染应用程序，以使浏览器以普通 HTML 的形式显示渲染后的 React，并使其在 JavaScript 包被传输至客户端后即刻进行交互。

随后，Vercel 发布了 Next.js，这也改变了相应的游戏规则。

自 Next.js 首个版本出现以来，该框架提供了诸多创新特性，如自动代码分割、服务器端渲染、基于文件的路由系统、路由预取机制等。开发人员可针对客户端和服务器端编写可复用的代码，进而简化了复杂任务（如代码分割和服务器端渲染）的实现。据此，Next.js 充分展示了如何降低通用 Web 应用程序的编写难度。

当今，Next.js 提供了大量的新特性，如下所示。

❑　静态站点生成。
❑　增量静态生成。
❑　TypeScript 的本地支持。
❑　自动 Polyfill。

❑　图像优化。

❑　国际化的主持。

❑　性能分析。

本书将对上述内容并结合其他特性加以讨论。

今天，Next.js 已应用于各大公司的产品中，如 Netflix、Twitch、TikTok、Hulu、Nike、Uber、Elastic 等。读者可访问 https://nextjs.org/showcase 查看完整的列表。

Next.js 展示了 React 可构建任意规模的应用程序，一些大型公司和初创公司都在使用 Next.js，这一点已被人们所接受。

顺便提及，Next.js 并不是可在服务器端渲染 JavaScript 的唯一框架，稍后将讨论一些替代方案。

1.3　Next.js 与其他替代方案之间的比较

正如读者所想，Next.js 并不是服务器端渲染 JavaScript 的唯一框架。然而，我们可根据项目的最终目标考查一些替代方案。

1.3.1　Gatsby

Gatsby 是一种较为流行的替代方案。当打算构建静态网站时，可考虑使用 Gatsby 框架。与 Next.js 不同，Gatsby 仅支持静态站点生成，并在这一方面表现良好。在构建期内，每个页面均被预先渲染，并可被作为静态数据资源在任何内容分发网络（CDN）上提供服务，与动态服务器端渲染替代方案相比，这使得性能具有令人难以置信的竞争力。与 Next.js 相比，Gatsby 最大的缺点在于，我们将失去动态服务器端渲染的能力，对于构建动态数据驱动和复杂站点来说，这是一个十分重要的特性。

1.3.2　Razzle

与 Next.js 相比，Razzle 的流行程度稍差一些。Razzle 是一款用于创建服务器端渲染的 JavaScript 应用程序的工具，旨在维护 create-react-app 的易用性，同时抽象服务器和客户端上渲染应用程序所需的全部复杂配置。与 Next.js 和后续替代方案相比，Razzle 最显著的优点是框架无关性。因此，我们可以选择自己最喜欢的前端框架（或语言），如 React、Vue、Angular、Elm 或 Reason-React 等。

1.3.3　Nuxt.js

如果读者体验过 Vue，那么 Nuxt.js 无疑会被认为是一个强力的 Next.js 竞争者。Vue 和 Nuxt.js 均支持服务器端渲染、静态站点生成、渐进式（progressive）Web App 管理等。就性能、SEO 或开发速度而言，二者并无明显差异。虽然 Nuxt.js 和 Next.js 服务相同的目标，但 Nuxt.js 往往需要更多的配置，有时这并不是一件坏事。在 Nuxt.js 配置文件中，我们可定义布局、全局插件和组件、路由等；而在 Next.js 中，我们则需要以 React 的方式予以实现。除此之外，Nuxt.js 和 Next.js 均涵盖了诸多功能，但最为显著的差异则是底层库。也就是说，如果已持有一个 Vue 组件库，则可以考虑使用 Nuxt.js 在服务器端对其进行渲染。

1.3.4　Angular Universal

当然，Angular 也开始转向 JavaScript 服务器端渲染场景，同时发布了 Angular Universal 作为服务器端渲染 Angular 应用程序的官方方式。Angular Universal 支持静态站点生成和服务器端渲染。与 Nuxt.js 和 Next.js 不同，Angular Universal 由 Google 负责研发。如果读者正在尝试使用 Angular 进行开发，并已经持有了一些 Angular 库编写的组件，那么 Angular Universal 则可被视为 Nuxt.js、Next.js 等框架的一种较为自然的替代方案。

1.3.5　为何选择 Next.js

前述内容介绍了 Next.js 的一些替代方案及其优缺点。

推荐使用 Next.js 而非其他框架的主要原因在于其特性集。当使用 Next.js 时，用户能够得到所需的一切内容——这里指的不仅仅是组件、配置和部署选项，尽管它们可能是最完整的内容。

除此之外，Next.js 还包含友好和活跃的社区，构建应用程序的每一个步骤都能得到足够的支持。作者认为这是一个巨大的加分项，因为一旦代码库出现问题，用户就能获得来自社区的帮助，如 StackOverflow 和 GitHub。其中，Vercel 团队也会经常参与讨论，并对所提出的请求予以支持。

前述内容介绍了 Next.js 以及其他类似的框架，接下来将考查默认客户端 React 应用程序与功能齐全的服务器端环境之间的主要差别，后者可针对每个请求动态地渲染 JavaScript 代码库，并在构建时以静态方式进行渲染。

1.4　从 React 转至 Next.js

　　如果读者拥有 React 方面的使用经验，将会发现构建第一个 Next.js 站点十分简单，其原理与 React 十分接近，并为大多数设置提供了惯例优先配置方案。因此，如果打算利用特定的 Next.js 特性，我们可以很容易地查找到正式的方法予以实现，且无须进行任何复杂的配置。例如，在一个 Next.js 应用程序中，可指定在服务器端渲染的页面，还可指定在构建期以静态方式生成的内容，且无须编写任何配置文件或类似事物。相应地，我们仅需导出页面中的特定功能，并使 Next.js 完成自身任务（参见第 2 章）。

　　React 和 Next.js 之间最为显著的差别在于，React 仅是一个 JavaScript 库，而 Next.js 则是一个在客户端和服务器端上实现丰富、完整用户体验的框架，同时还加入了许多有用的特性。每个服务器端渲染的或以静态方式生成的页面都将运行于 Node.js 上，因此，我们可能失去访问某些特定于浏览器的全局对象的访问权利，如 fetch、window 和 document，以及某些 HTML 元素，如 canvas。当编写自己的 Next.js 页面时，读者应对此有所意识，即使该框架提供了自身的方式处理那些必须使用此类全局变量和 HTML 元素的组件，第 2 章将对此加以讨论。

　　另外，当打算使用特定的 Node.js 库或 API 时，如 fs 或 child_process 时，Next.js 可通过在构建期运行每个请求上的服务器端代码来对其加以使用（取决于如何选择页面的渲染方式），随后将数据发送至客户端。

　　即使打算创建一个客户端渲染的应用程序，对于 create-react-app 来说，Next.js 同样不失为一种较好的替代方案。实际上，Next.js 可被用作一个框架，通过其内建组件和优化方案，可方便地编写渐进式和离线优先的 Web 应用程序。

1.5　开启 Next.js 之旅

　　前述内容介绍了与 Next.js 用例相关的一些基础知识，以及客户端 React 和其他框架之间的差别，接下来将考查一些代码方面的内容。首先将创建一个新的 Next.js 应用程序，并自定义其默认的 Webpack 和 Babel 配置。除此之外，我们还将考查如何将 TypeScript 用作 Next.js 应用程序开发的主要语言。

1.5.1　默认的项目结构

开启 Next.js 之旅十分简单,唯一的系统需求条件是在机器(或开发环境)上安装 Node.js 和 npm。Vercel 团队创建并发布了一款直观且功能强大的工具,即 create-next-app,用于生成基本 Next.js 应用程序的样板代码。对此,可在终端中输入下列命令。

```
npx create-next-app <app-name>
```

这将安装全部所需的依赖项并生成一组默认页面。此时,可运行 npm run dev,随后开发服务器将在端口 3000 上启动,同时显示一个登录页面。

Next.js 将通过 Yarn 包管理器(如已安装)初始化项目。通过传递一个标志并通知 create-next-app 使用 npm,我们可覆写上述选项,如下所示。

```
npx create-next-app <app-name> --use-npm
```

除此之外,还可从 Next.js GitHub 储存库中下载样板代码请求 create-next-app 初始化新的 Next.js 项目。实际上,Next.js 储存库中存在一个 examples 文件夹,其中包含大量的基于不同技术的 Next.js 应用方式。

假设打算在 Docker 上通过 Next.js 进行某些尝试性操作,我们可将--example 标志传递至样板代码生成器中,如下所示。

```
npx create-next-app <app-name> --example with-docker
```

create-next-app 将下载 https://github.com/vercel/next.js/tree/canary/examples/with-docker 处的代码,并安装所需依赖项。此时,需要编辑下载文件并对其进行编辑。

另外,我们还可访问 https://github.com/vercel/next.js/tree/canary/examples 查看其他非常好的示例。如果已对 Next.js 有所熟悉,则可进一步考查 Next.js 与不同服务和工具集之间的集成方式(稍后将对某些内容进行详细解释)。

接下来继续讨论默认的 create-next-app 安装。打开终端并生成新的 Next.js 应用程序,如下所示。

```
npx create-next-app my-first-next-app --use-npm
```

几秒钟后将会生成样板代码,同时还可看到一个包含下列结构的、名为 my-first-next-app 的文件夹。

```
- README.md
- next.config.js
- node_modules/
```

```
- package-lock.json
- package.json
- pages/
  - _app.js
  - api/
    - hello.js
  - index.js
- public/
  - favicon.ico
  - vercel.svg
- styles/
  - Home.module.css
  - globals.css
```

在 React 中，我们可能使用 react-router 或类似的库管理客户端导航。通过 pages/文件夹，Next.js 进一步简化了导航操作。实际上，pages/目录中的每个 JavaScript 文件将是一个公共页面，因此，如果尝试复制 index.js 页面并将其重命名为 about.js，随后则可访问 http://localhost:3000/about，进而查看主页的副本。第 2 章将考查 Next.js 如何处理客户端和服务器端路由。当前，可将 pages/目录视为公共页面的容器。

public/文件夹包含站点中所用的全部公共和静态数据资源。例如，我们可以放置图像、编译后的样式表、编译后的 JavaScript 文件、字体等。

默认状态下，还可看到 styles/目录，这对于组织应用程序样式表十分有用，但对于 Next.js 项目来说并非必需。相应地，强制和保留的目录是 public/ 和 pages/，因而应确保不要删除这两个目录，或针对不同目的使用这两个目录。

也就是说，我们可向项目的根目录中添加更多的目录和文件，这并不会对 Next.js 的构建或开发过程带来负面影响。如果打算在 components/ 目录和 utilities/ 目录下分别组织组件和实用程序，则可将这些文件夹直接添加至项目中。

如果不打算使用样板生成器，可将全部所需的依赖项（如前所述）和之前的基本文件夹结构添加至现有的 React 应用程序中以引导一个新的 Next.js 应用程序，且无须其他配置。

1.5.2　TypeScript 集成

Next.js 源代码采用 TypeScript 编写，并以本地方式提供了高质量的类型定义，进而提升开发人员的体验。这里，将 TypeScript 配置为 Next.js 应用程序的默认语言十分简单，仅需在项目的根目录中生成一个 TypeScript 配置文件（tsconfig.json）。当尝试运行 npm run dev 命令时，将会看到下列输出结果。

```
It looks like you're trying to use TypeScript but do not have
the required package(s) installed.
Please install typescript and @types/react by running:
    npm install --save typescript @types/react
    If you are not trying to use TypeScript, please remove
    the tsconfig.json file from your package root (and any
    TypeScript files in your pages directory).
```

可以看到，Next.js 已正确地检测到我们正在使用 TypeScript，并请求安装全部依赖项，同时将其作为项目的主要语言。因此，仅需将 JavaScript 文件转换为 TypeScript 即可。

读者可能已经注意到，即使创建了一个空的 tsconfig.json 文件，在安装了所需的依赖项并运行项目后，Next.js 将利用其默认的配置填充该文件。当然，通常可在 tsconfig.json 文件中自定义 TypeScript 选项。但记住，Next.js 使用 Babel 处理 TypeSVN 文件（通过 @babel/plugin-transform-typescript），这往往会产生某些警告消息，如下所示。

❑ @babel/plugin-transform-typescript 并不支持 TypeScript 中常用的 const enum。针对这一问题，应确保将 babel-plugin-const-enum 添加至 Babel 配置中（稍后将对此加以讨论）。

❑ 由于 export =和 import =无法被编译为有效的 ECMAScript 代码，因而二者均不被支持。对此，应安装 babel-plugin-replacets-export-assignment，或将导入和导出内容转换为有效的 ECMAScript 指令，如 import x, {y} from 'some-package'和 export default x。

除此之外，还存在其他的警告信息，在将 TypeScript 用作 Next.js 应用程序开发的主要语言之前，建议访问 https://babeljs.io/docs/en/babel-plugin-transform-typescript#caveats 并阅读其中的相关内容。

另外，某些编译器选项与默认的 TypeScript 选项也有所不同。再次说明，这里建议读者阅读 Babel 的官方文档，对应网址为 https://babeljs.io/docs/en/babel-plugin-transform-typescript#typescript-compiler-options。

Next.js 还将在项目的根目录中创建一个 next-env.d.ts 文件。必要时，读者可尝试编辑该文件，且该文件不可被删除。

1.5.3　自定义 Babel 和 Webpack 配置

如前所述，我们可自定义 Babel 和 Webpack 配置。

Babel 是一个 JavaScript 转换编译器，主要用于将 JavaScript 代码转换为向后兼容的脚本，此类脚本可以在任何浏览器上运行。

如果正在编写一个支持早期浏览器的 Web 应用程序，如 IE10 或 IE11，Babel 将会提供诸多帮助，进而可使用现代的 ES6/ESNext 特性，并可在构建期将其转换为与 IE 兼容的代码，从而通过较少的组件维护开发人员的体验性。

另外，JavaScript 语言（基于 ECMAScript 规范）也处在快速发展中。因此，即使发布了一些较好的特性，但要在浏览器和 Node.js 环境中同时使用它们可能还需要等待多时。这是因为，在 ECMA 委员会接受了这些特性后，开发浏览器的相关公司和致力于 Node.js 项目的社区需要制定相应的规划以添加这些增强功能。Babel 将代码转换为适用于当今环境的兼容脚本从而解决了这一问题。

考查下列代码。

```
export default function() {
    console.log("Hello, World!");
};
```

如果尝试在 Node.js 中运行上述代码，将会抛出一个语法错误，因为 JavaScript 引擎无法识别关键字 export default。

Babel 将上述代码转换为等价的 ECMAScript，至少在 Node.js 支持 export default 语法之前是这样。

```
"use strict";
Object.defineProperty(exports, "__esModule", {
    value: true
});
exports.default = _default;
function _default() {
    console.log("Hello, World!");
};
```

上述代码可在 Node.js 中正常运行。

通过在项目的根目录中简单地创建一个名为.babelrc 的新文件，我们可自定义默认的 Next.js Babel 配置。可以看到，如果该文件为空，那么 Next.js 构建/开发过程将抛出一个错误，因此，至少应添加下列代码。

```
{
    "presets": ["next/babel"]
}
```

这是 Vercel 团队专门为构建和开发 Next.js 应用程序而创建的 Babel 预置项。假设我们正在开发一个应用程序，并打算尝试性地使用 ECMAScript 特性，如管道操作符；如果我们对此并不熟悉，那么基本上可编写下列代码。

```
console.log(Math.random() * 10);
// written using the pipeline operator becomes:
Math.random()
  |> x => x * 10
  |> console.log
```

该操作符尚未被 TC39（ECMAScript 规范背后的技术委员会）正式接受，但借助于 Babel，现在我们即可使用该操作符。

要在 Next.js 应用程序中支持该操作符，需要通过 npm 安装 Babel 插件。

```
npm install --save-dev @babel/plugin-proposal-pipeline-operator
@babel/core
```

随后更新自定义.babelrc 文件，如下所示。

```
{
  "presets": ["next/babel"],
  "plugins": [
    [
      "@babel/plugin-proposal-pipeline-operator",
      { "proposal": "fsharp" }
    ]
  ]
}
```

随后可重启开发服务器并尝试性地使用这一新特性。

如果打算使用 TypeScript 作为 Next.js 应用程序的主开发语言，可遵循相同的过程进而将特定于 TypeScript 的插件添加至 Babel 配置中。另外，在 Next.js 开发体验过程中，还可能需要自定义默认的 Webpack 配置。

虽然 Babel 仅将代码视为输入，并生成向后兼容的脚本作为输出，但 Webpack 可针对特定的库、页面或特性创建包含所有编译代码的包。例如，当创建一个包含来自 3 个不同库的 3 个组件的页面，Webpack 将把全部内容合并为一个包并发送至客户端。简而言之，我们可将 Webpack 视为为每个 Web 数据资源（JavaScript 文件、CSS、SVG 等）编排不同编译、包和微型任务的基础设施。

如果打算使用 CSS 预处理器（如 SASS 或 LESS）创建应用程序样式，则需要自定义默认的 Webpack 配置以解析 SASS/LESS 文件，并生成普通的 CSS 作为输出结果。当然，使用 Babel 作为编译器的 JavaScript 代码也会出现同样的情况。

后续章节将深入讨论 CSS 预处理器。当前，我们仅需记住，针对自定义默认的 Webpack 配置，Next.js 提供了一种较为方便的方式。

如前所述，Next.js 提供了一种惯例优先于配置的方案，因而在构建真实的应用程序时无须自定义大多数设置，且仅需遵循某些代码惯例即可。

但是，若需要构建某些自定义内容，大多数时候，可通过 next.config.js 文件编辑默认设置项。对此，可在项目的根目录中创建 next.config.js 文件，且在默认状态下导出为一个对象。其中，相关属性将覆盖默认的 Next.js 配置。

```
module.exports = {
   // custom settings here
};
```

通过在名为 webpack 的对象中创建一个新属性，即可自定义默认的 Webpack 配置。假设需要添加一个名为 my-custom-loader 的虚拟 Webpack 加载器，对此，可按照下列方式处理。

```
module.exports = {
 webpack: (config, options) => {
  config.module.rules.push({
    test: /\.js/,
    use: [
     options.defaultLoaders.babel,
     // This is just an example
     //don't try to run this as it won't work
     {
       loader: "my-custom-loader", // Set your loader
       options: loaderOptions, // Set your loader
       options
     },
    ],
  });
  return config;
 },
};
```

可以看到，此处正在编写一个适宜的 Webpack 配置，随后将与 Next.js 的默认设置进行合并，进而可扩展、覆写，甚至是删除默认配置中的设置项——虽然这并不是一种较好的做法，但有时可能会遇到这种情况。

1.6　本　章　小　结

本章考查了默认和客户端 React 应用程序与 Next.js 之间的主要差别，以及 Next.js 与其他众所周知的替代方案之间的比较。此外，我们还介绍了如何通过编辑 Babel 和 Webpack 配置自定义默认的 Next.js 项目，以及作为替代方案将 TypeScript 添加至 JavaScript 中，以开发应用程序。

第 2 章将深入讨论 3 种不同的渲染策略，即客户端渲染、服务器端渲染和静态站点生成。

第 2 章　不同的渲染策略

当讨论渲染策略时，一般是指 Web 页面（或 Web 应用程序）与 Web 浏览器之间的服务方式。相应地，一些框架（如第 1 章中介绍的 Gatsby）非常适合服务于静态生成的页面，而其他一些框架则可简化服务器端渲染页面的生成。

Next.js 将这些概念提升至一个新的水平：让我们可以决定在构建期应渲染哪一个页面，以及在运行期以动态方式服务于哪一个页面；同时为每个请求重新生成全部页面，使应用程序的特定部分呈现为动态方式。另外，Next.js 还允许我们确定哪一个组件在客户端以独占方式被渲染，从而提升开发体验。

本章主要包含下列主题。

❑　如何利用服务器端渲染针对每个请求以动态方式渲染一个页面。

❑　仅在客户端渲染特定组件的不同方式。

❑　在构建期生成静态页面。

❑　如何在生产中利用增量静态再生重新生成静态页面。

2.1　技　术　需　求

当运行本章中的示例代码时，应确保在机器上安装了 Node.js 和 npm。作为一种替代方案，还可使用 https://repl.it 或 https://codesandbox.io 这一类在线 IDE。

读者可访问 GitHub 储存库查看本章的代码，对应网址为 https://github.com/PacktPublishing/Real-World-Next.js。

2.2　服务器端渲染（SSR）

虽然服务器端渲染在开发人员的词汇表中听起来像是一个新术语，但实际上这是一种常见的 Web 页面服务方式。一些语言（如 PHP、Ruby 或 Python）首先都在服务器上渲染 HTML，随后将其发送至浏览器上。在全部 JavaScript 内容被加载完毕后，这将使标记呈现为动态方式。

针对每个请求，Next.js 则通过动态渲染服务器上的 HTML 页面实现相同的操作，随后将其发送至 Web 浏览器上。除此之外，Next.js 还将注入其自身的脚本，并在水合（hydration）过程中使服务器端渲染页面呈现为动态方式。

假设我们正在构建一个博客，且需要在某个页面上渲染某位作者撰写的全部文章。这对于 SSR 来说是一个较好的应用场景：用户访问该页面，因此服务器渲染该页面，并将最终的 HTML 发送至客户端。此时，浏览器将下载页面请求的所有脚本，水合 DOM 以使其具有交互性，且不涉及任何形式的页面刷新或故障（关于 React 水合的更多信息，读者可访问 https://reactjs.org/docs/react-dom.html#hydrate）。据此，由于 React 水合过程，Web 应用程序还可变为单页面应用程序（SPA），同时利用客户端渲染（CSR，稍后将对此加以讨论）和 SSR 的全部优点。

关于特定渲染策略的优点，与标准 React CSR 相比，SSR 提供了多种好处，如下所示。

❑ 更加安全的 Web 应用程序：在服务器端渲染一个页面意味着管理 cookie、调用私有 API 和数据验证这一类活动将出现于服务器上，因此不会向客户端暴露私有数据。

❑ 更具兼容性的站点：即使用户禁用了 JavaScript 或使用较早的浏览器，该站点也将有效。

❑ 增强的搜索引擎优化：一旦服务器渲染并发送 HTML 内容，客户端就会即刻接收该内容，搜索引擎爬虫程序（抓取 Web 应用程序的机器人）将不需要等待页面在客户端被渲染。这将有效地改善 Web 应用程序的 SEO 性能。

尽管包含上述优点，但有些时候，SSR 可能并非站点的最佳方案。实际上，当采用 SSR 时，我们需要将 Web 应用程序部署至一个服务器上，该服务器将根据需求重新渲染一个页面。稍后将会看到，当采用 CSR 和静态站点生成（SSG）时，可将静态 HTML 文件免费（或以较低的成本）部署至任何云供应商，如 Vercel 或 Netlify。如果已通过自定义服务器部署了 Web 应用程序，则需要记住，SSR 应用程序通常会导致更显著的服务器负载和维护成本。

另外需要记住的是，当需要服务器端渲染页面时，一般会向每个请求添加一些延迟。页面可能需要调用某些外部 API 或数据源，且会针对每次页面渲染进行调用。另外，与客户端渲染页面和静态服务页面相比，服务器端渲染页面之间的导航通常会稍慢。

当然，Next.js 提供了相关特性以改善导航性能，第 3 章将对此加以讨论。

注意，默认状态下，Next.js 页面在构建期以静态方式生成。如果打算使其更具动态性（通过调用外部 API、数据库或其他数据源），则需要从页面中导出特定的函数。

```
function IndexPage() {
  return <div>This is the index page.</div>;
}
```

```
export default IndexPage;
```

可以看到，页面仅在 div 内部输出 This is the index page.文本且不需要调用外部 API 或其他数据源，同时每个请求的内容均相同。当前，假设需要在每次请求上问候用户，则需要在服务器上调用一个 REST API 以获取特定用户的信息，并将结果通过 Next.js 流传递至客户端。对此，可调用保留的 getServerSideProps 函数，如下所示。

```
export async function getServerSideProps() {
  const userRequest = await fetch('https://example.com/api/user');
  const userData = await userRequest.json();

  return {
    props: {
      user: userData
    }
  };
}

function IndexPage(props) {
  return <div>Welcome, {props.user.name}!</div>;
}

export default IndexPage;
```

在上述示例中，我们使用了 Next.js 的保留函数 getServerSideProps，并针对每次请求在服务器端生成 REST API 调用。下面将具体讨论每个步骤。

（1）导出名为 getServerSideProps 的异步函数。在构建阶段，Next.js 将查找导出该函数的每个页面，并针对每次请求使其以动态方式在服务器端被渲染。该函数范围内编写的所有代码将始终常在服务器端被执行。

（2）在 getServerSideProps 函数内部，返回一个包含 props 属性的对象。该步骤不可或缺，因为 Next.js 将在 page 组件中注入这些 props，并使其在客户端和服务器端有效。当在服务器端使用时，无须填充与获取相关的 API，Next.js 将为我们完成此项操作。

（3）重构 IndexPage 函数，该函数当前接收包含传递来自 getServerSideProps 函数的所有 props 的 props 参数。

根据上述代码，Next.js 将在服务器上以动态方式渲染 IndexPage，一旦数据源发生变化，就会调用外部 API 并显示不同的结果。

如前所述，SSR 涵盖了显著的优点和一些缺点。如果打算使用依赖于特定浏览器 API

的任何组件，则需要显式地在浏览器上渲染该组件，因为默认状态下，Next.js 在服务器上渲染整个页面内容，这不需要公开特定的 API，如 window 或 document。因此，CSR 这一概念应运而生。

2.3　客户端渲染（CSR）

在第 1 章中曾讨论到，一旦 JavaScript 包已从服务器被传输至客户端，就会渲染标准的 React 应用程序。

如果读者了解 create-react-app（CRA），那么可能会注意到，在 Web 应用程序渲染之前，全部 Web 页面呈现为白色，其原因在于，服务器仅服务非常基本的 HTML 标记，其中包含了全部所需的脚本和样式，以使 Web 应用程序呈现为动态。下面详细讨论 CRA 生成的 HTML。

```html
<!DOCTYPE html>
<html lang="en">
  <head>
    <meta charset="utf-8" />
    <link rel="icon" href="%PUBLIC_URL%/favicon.ico" />
    <meta
      name="viewport"
      content="width=device-width, initial-scale=1"
    />
    <meta name="theme-color" content="#000000" />
    <meta
      name="description"
      content="Web site created using create-react-app"
    />
    <link rel="apple-touch-icon"
      href="%PUBLIC_URL%/logo192.png" />
    <link rel="manifest" href="%PUBLIC_URL%/manifest.json" />
    <title>React App</title>
  </head>
  <body>
    <noscript>
      You need to enable JavaScript to run this app.
    </noscript>
    <div id="root"></div>
  </body>
</html>
```

可以看到，body 标签内仅发现一个 div，即<div id="root"></div>。

在构建阶段，create-react-app 将编译后的 JavaScript 和 CSS 文件注入 HTML 页面中，并将 root div 用作目标容器以渲染整个应用程序。

这意味着，一旦将页面发布至任何托管供应商（如 Vercel、Netlify、Google Cloud、AWS 等），当首次调用所需的 URL 时，浏览器就会首次渲染之前的 HTML。随后根据之前标记中包含的 script 和 link 标签（在构建期由 CRA 注入），浏览器将渲染整个应用程序，并使其针对任何交互类型均为有效。

CSR 的主要优点如下所示。

❑ 使得应用程序更像是一个原生应用程序，下载整个 JavaScript 包意味着已将 Web 应用程序的每个页面下载至浏览器中。如果打算导航至不同的页面，则可交换页面内容，而不是从服务器上下载新内容。我们无须刷新页面以更新其内容。

❑ 简化页面转换。客户端导航可实现页面间的切换，且无须重载浏览器窗口。这也使得页面间的转换变得十分方便，因为无须执行中断动画的重载行为。

❑ 延迟加载和性能。当采用 CSR 时，浏览器仅渲染 Web 应用程序所需的最小部分的 HTML 标记。如果持有一个用户单击按钮时显示的模式，那么其 HTML 标记就不会出现在 HTML 页面上，并在发生按钮单击事件时通过 React 以动态方式进行创建。

❑ 较少的服务器端负载。由于全部渲染阶段已被托管至浏览器中，服务器仅需向客户端发送一个基本的 HTML 页面。这样就不再需要功能强大的服务器。实际上，在某些情况下，可将 Web 应用程序托管至无服务器环境中，如 AWS Lambda、Firebase 等。

但是，上述各项优点均会付出一定的代价。如前所述，服务器仅发送一个空的 HTML 页面。如果用户的互联网连接速度较慢，JavaScript 和 CSS 文件的下载过程需要占用若干秒时间，此时用户需要些许时间。

这将影响 Web 应用程序的 SEO，搜索引擎爬虫程序在到达页面后将会发现该页面是一个空页面。例如。Google 机器人将等待 JavaScript 包被传输，这一等待时间将导致站点性能的评分较低。

默认状态下，Next.js 在服务器端或构建期的给定页面中写入全部 React 组件。在第 1 章中曾讨论到，Node.js 运行期并不会暴露特定于浏览器的 API，如 window、document 或 HTML 元素（如 canvas）。因此，如果需要渲染访问这些 API 的任何组件，那么渲染过程将崩溃。

相应地，存在许多不同的方法可以避免 Next.js 出现这些问题，这需要特定的组件渲染至浏览器中。

2.3.1　使用 React.useEffect 钩子

在 React 16.8.0 之前，我们一般会采用 React 的 componentDidMount 方法。后续 React 版本则强调函数组件的应用，因而可通过 React.useEffect 钩子实现相同的任务。但这也会在函数组件中包含某些负面作用，如数据获取和手动 DOM 变化，这些均在组件被加载完毕后执行。这意味着，当使用 Next.js 时，useEffect 回调将在 React 水合作用后在浏览器上运行，进而仅在客户端上执行特定的动作。

例如，假设需要通过 Highlight.js 库在某个 Web 页面上显示一段代码，进而简化高亮显示操作并使代码更具可读性。对此，可创建一个名为 Highlight 的组件，如下所示。

```
import Head from 'next/head';
import hljs from 'highlight.js';
import javascript from 'highlight.js/lib/languages/javascript';、

function Highlight({ code }) {
   hljs.registerLanguage('javascript', javascript);
   hljs.initHighlighting();

  return (
    <>
      <Head>
        <link rel='stylesheet' href='/highlight.css' />
      </Head>
      <pre>
        <code className='js'>{code}</code>
      </pre>
    </>
  );
}

export default Highlight;
```

虽然上述代码可在客户端 React 应用程序上运行，但在 Next.js 中，该应用程序会在渲染或构建阶段崩溃，因为 Highlight.js 使用 document 全局变量，而该变量并不存在于 Node.js 中，且仅通过浏览器公开。

对此，可将全部的 hljs 调用封装在 useEffect 钩子中，如下所示。

```
import { useEffect } from 'react';
import Head from 'next/head';
```

```
import hljs from 'highlight.js';
import javascript from
  'highlight.js/lib/languages/javascript';

function Highlight({ code }) {

  useEffect(() => {
    hljs.registerLanguage('javascript', javascript);
    hljs.initHighlighting();
  }, []);

  return (
    <>
      <Head>
        <link rel='stylesheet' href='/highlight.css' />
      </Head>
      <pre>
        <code className='js'>{code}</code>
      </pre>
    </>
  );
}

export default Highlight;
```

通过这种方式，Next.js 将渲染组件返回的 HTML 标记，并将 Highlight.js 脚本注入页面中。一旦组件在浏览器上被加载，Next.js 就会调用客户端上的库函数。

此外，还可使用 React.useEffect 和 React.useState，进而通过准确的方法并在客户端上以独占方式渲染某个组件。

```
import {useEffect, useState} from 'react';
import Highlight from '../components/Highlight';

function UseEffectPage() {
  const [isClient, setIsClient] = useState(false);

  useEffect(() => {
    setIsClient(true);
  }, []);

  return (
    <div>
      {isClient &&
```

```
      (<Highlight
        code={"console.log('Hello, world!')"}
        language='js'
      />)
    }
  </div>
);
}

export default UseEffectPage;
```

据此，Highlight 组件将以独占方式在浏览器上被渲染。

2.3.2　使用 process.browser 变量

当采用特定于浏览器的 API 时，避免服务器端处理崩溃的另一种方法是，根据 process.browser 全局变量有条件地执行脚本和组件。实际上，Next.js 将这一有用的属性添加至 Node.js 的 process 对象上。该属性被定义为一个布尔值：当代码运行于客户端上时，该值被设置为 true；当代码运行于服务器上时，该值被设置为 false。其工作方式如下所示。

```
function IndexPage() {
  const side = process.browser ? 'client' : 'server';

  return <div>You're currently on the {side}-side.</div>;
}

export default IndexPage;
```

当尝试运行上述示例时，浏览器将暂短地显示文本 You're currently running on the server-side，随后当出现 React 水合作用时，该文本将被替换为 You're currently running on the client-side。

2.3.3　使用动态组件加载

在第 1 章中曾讨论到，通过添加一些内建组件和实用工具函数，Next.js 扩展了 React 功能，dynamic 便是其中之一，同时它也是 Next.js 提供的最为有趣的组件之一。

读者是否还记得曾构建的 Highlight 组件，并通过 React.useEffect 钩子了解如何在浏览器上渲染一个组件？下面是通过 Next.js dynamic 函数渲染该组件的另一种方法。

```
import dynamic from 'next/dynamic';
```

```
const Highlight = dynamic(
  () => import('../components/Highlight'),
  { ssr: false }
);
import styles from '../styles/Home.module.css';

function DynamicPage() {
  return (
    <div className={styles.main}>
      <Highlight
        code={"console.log('Hello, world!')"}
        language='js'
      />
    </div>
  );
}

export default DynamicPage;
```

根据上述代码，我们通过动态导入导入了 Highlight 组件。基于 ssr:false 选项，我们希望该组件仅在客户端上执行。通过这种方式，Next.js 并不会尝试在服务器上渲染该组件，且需要等待 React 水合作用以使其在浏览器上有效。

当构建动态 Web 页面时，CSR 可被视为 SSR 的一种较好的替代方案。当处理无须被搜索引擎索引的某个页面时，可首先加载应用程序的 JavaScript，随后在客户端获取来自服务器的所需数据。该方案并不涉及 SSR，因而会减轻服务器端的负载，且应用程序具有较好的可伸缩性。

这里的问题是，如果打算构建一个动态页面，且 SEO 并不重要（管理页面、个人信息页面等），那么，为何不向客户端仅发送一个静态页面，以在该页面传输至浏览器后加载全部数据？稍后将对此加以讨论。

2.4　静态站点生成

截至目前，我们介绍了两种不同的 Web 应用程序渲染方法，即客户端和服务器端。除此之外，Next.js 还提供了第 3 种方案，即静态站点生成（SSG）。

根据 SSG，我们将能够在构建期预渲染某些特定的页面（必要时甚至是整个站点）。这意味着，当构建 Web 应用程序时，可能会存在一些内容未发生变化的页面，因而可将其视为静态数据资源。Next.js 将在构建阶段渲染这一类页面，并始终提供特定的 HTML，类似于 SSR，由于 React 的水合处理过程，这些 HTML 将呈现为动态形式。

与 CSR 和 SSR 相比，SSG 包含诸多优点，如下所示。

- ❑ 易于扩展。静态页面仅是 HTML 文件，该文件可被任何可通过内容分发网络（CDN）方便地进行处理和缓存。但是，即使打算利用自己的 Web 服务器对其进行处理，这仍会导致很低的负载，即使处理某个静态数据资源无须太多的计算。
- ❑ 优良的性能。如前所述，HTML 在构建期被预先渲染。因此，客户端和服务器针对每次请求均可绕过运行期渲染阶段。Web 服务器将发送静态文件，浏览器仅仅对其进行显示。服务器端并不需要获取数据。我们需要的一切内容均已在静态 HTML 标记中被预先渲染。针对每次请求，这将减少潜在的延迟。
- ❑ 更加安全的请求。渲染页面时并不需要向 Web 服务器发送任何敏感数据，这对恶意用户来说是一条坏消息。这里不需要访问 API、数据库或其他私有信息，所需的每个信息片段均是预渲染页面的一部分。

SSG 可能是构建高性能、高可扩展性前端应用程序的最佳方案。关于这种渲染技术，最大的问题是，一旦页面被构建完毕，内容就会保持不变，直至下一次部署。

例如，假设正在编写一篇博客文章，并在标题中错误地拼写了一个单词。当使用其他静态站点生成器时，如 Gatsby 或 Jekyll，一般需要重新构建整个站点以修改博客文章标题中的一个单词，因为需要重复构建期的数据获取和渲染阶段。如前所述，静态生成的页面在构建期被创建，并针对每个请求被视为静态数据资源。

相比较而言，Next.js 则提供了一种不同的方法处理此类问题，即增量静态再生（ISR）。据此，可在页面级别指定 Next.js 在重新渲染静态页面更新内容之前应等待多久。

例如，假设需要构建一个页面以显示某些动态内容，但出于某种原因，数据获取阶段占用了较长的时间，进而导致较差的性能，从而降低用户体验。通过 SSR 和 SSG 之间的混合方案，SSG 和 ISR 组合方式可处理这一问题。

假设打算构建一个非常复杂的仪表板，以处理大量的数据，但数据的 REST API 占用了几秒的时间。此时数据在这段时间内并不会出现较大的变化，因而可通过 SSG 和 ISR 缓存该数据长达 10 min（600 s）。

```
import fetch from 'isomorphic-unfetch';
import Dashboard from './components/Dashboard';

export async function getStaticProps() {
  const userReq = await fetch('/api/user');
  const userData = await userReq.json();

  const dashboardReq = await fetch('/api/dashboard');
```

```
  const dashboardData = await dashboardReq.json();

  return {
    props: {
      user: userData,
      data: dashboardData,
    },
    revalidate: 600 // time in seconds (10 minutes)
  };
}

function IndexPage(props) {
  return (
    <div>
      <Dashboard
        user={props.user}
        data={props.data}
      />
    </div>
  );
}

export default IndexPage;
```

其中使用了一个名为 getStaticProps 的函数，该函数与之前的 getServerSideProps 有些类似。相信读者已经猜测到，getStaticProps 通过 Next.js 用于构建期，以获取数据和渲染页面，并在下一次构建时它方被再一次调用。如前所述，虽然这样功能强大，但这也需付出一定代价——如果需要更新页面内容，则必须重新构建整个站点。

为了避免整个站点被重新构建，Next.js 近期引入了一个名为 revalidate 的选项，该选项可在 getStaticProps 函数的返回对象内被设置。revalidate 选项表明在新请求到达后，应在多少秒后重新构建页面。

在上述代码中，我们将 revalidate 选项设置为 600 s。因此，Next.js 的行为如下所示。

（1）Next.js 在构建期利用 getStaticProps 的结果填充页面，并在构建处理过程中以静态方式生成页面。

（2）在前 10 min，每个用户将访问相同的静态页面。

（3）10 min 后，如果出现新的请求，Next.js 将在服务器端渲染对应页面、重新执行 getStaticProps 函数、作为静态数据资源保存和缓存新渲染的页面，并覆写之前在构建期创建的页面。

（4）在接下来的 10 min 内，每个新请求都将由这一静态生成的新页面提供服务。

记住，ISR 处理具有延迟性。因此，如果 10 min 后未出现任何请求，Next.js 将不会重新构建其页面。

目前，尚不存在相关方法可通过 API 强制 ISR 重新验证。一旦站点被部署完毕，就需要等待 revalidate 选项中设置的过期时间以重新构建页面。

静态站点是创建快速、安全的 Web 页面的较好的方法，但有些时候，我们可能需要更具动态的内容。基于 Next.js，通常可在构建期（SSG）或请求期（SSR）确定渲染哪一个页面。通过 SSG+ISR 可制订最佳方案，以使页面呈现为 SSR 和 SSG 之间的混合效果，这对现代 Web 开发来说无疑是一个游戏规则的改变者。

2.5 本 章 小 结

本章介绍了 3 种不同的渲染策略，而 Next.js 则通过混合渲染方案将这些渲染策略提升至一个全新的水平。此外，我们还介绍了这些策略的优点、应用时机，以及如何影响用户体验或服务器负载。在后续章节中，我们将继续关注这些渲染方法，同时展示更多的示例和应用场景。这些策略可被视为选择使用 Next.js 作为框架背后的核心概念。

第 3 章将考查一些有用的 Next.js 组件及其路由系统，以及如何以动态方式管理元数据，进而改进 SEO 和用户体验。

第 3 章　Next.js 基础知识和内建组件

Next.js 不仅涉及服务器端渲染机制，同时还提供了一些有用的内建组件和函数，用以创建高性能、动态和现代型网站。

本章将考查 Next.js 中的一些概念，如路由系统、客户端导航、处理优化后的页面、处理元数据等。

除此之外，本章还将讨论_app.js 和 _document.js 页面，进而通过多种方式自定义 Web 应用程序行为。

本章主要包含下列主题。

❑　路由系统在客户端和服务器端的工作方式。

❑　如何优化页面间的导航。

❑　Next.js 如何处理静态数据。

❑　如何通过自动图像优化和新的 Image 组件优化图像服务机制。

❑　如何以动态方式处理组件中的 HTML 元数据。

❑　_app.js 和 _document.js 文件的含义，以及如何自定义这两个文件。

3.1　技　术　需　求

当运行本章示例代码时，需要在本地机器上安装 Node.js 和 npm。

如果读者愿意，还可使用在线 IDE，如 https://repl.it 或 https://codesandbox.io，二者均支持 Next.js 且无须在计算机上安装任何依赖项。

读者可访问 GitHub 存储库查看本章代码，对应网址为 https://github.com/PacktPublishing/Real-World-Next.js。

3.2　路　由　系　统

对于客户端 React，相信读者已对 React Router、Reach Router 或 Wouter 这一类库十分熟悉，并可以此创建客户端路由。这意味着，全部页面将在客户端被创建并渲染，且不涉及服务器端渲染。

Next.js 则采用了不同的方案，即基于文件系统的页面和路由。在第 2 章曾讨论到，Next.js 默认项目中包含了 pages/目录，该文件夹中的每个文件表示应用程序的新的页面/路由。

因此，当谈论一个页面时，一般是指从 pages/文件夹中的.js、.jsx、.ts 或.tsx 文件导出的 React 组件。

假设创建一个仅包含两个页面的简单站点，第 1 个页面为主页，第 2 个页面是一个简单的联系页面。对此，仅需在 pages/文件夹中创建两个新文件：index.js 和 contacts.js。这两个文件需要导出一个返回某些 JSX 内容的函数，随后该函数在服务器端被渲染并被作为标准的 HTML 发送至浏览器中。

如前所述，页面必须返回有效的 JSX 代码，接下来将生成一个简洁的 index.js 页面。

```
function Homepage() {
  return (
    <div> This is the homepage </div>
  )
};
export default Homepage;
```

当在终端上运行 yarn dev 或 npm run dev 命令，并随后在浏览器中访问 http://localhost:3000 时，屏幕上仅显示 This is the homepage 消息，这表明生成了第 1 个页面。

对于联系页面可执行相同的操作。

```
function ContactPage() {
  return (
    <div>
      <ul>
        <li> Email: myemail@example.com</li>
        <li> Twitter: @myusername </li>
        <li> Instagram: myusername </li>
      </ul>
    </div>
  )
};
export default ContactPage;
```

由于我们已将联系页面命名为 contacts.js 文件，因此我们可导航至 localhost:3000/contacts，并查看显示于浏览器中的联系列表。如果需要将此页面移至 http://localhost:3000/contact-us 中，可将 contacts.js 重命名为 contact-us.js 即可，Next.js 将利用新的路由名称重新构建相应的页面。

下面尝试构建一个博客，并为每个帖子创建一个路由。此外，还将创建一个/posts 页面以显示站点上呈现的每个帖子。

对此，可使用一个动态路由，如下所示。

```
pages/
- index.js
- contact-us.js
- posts/
  - index.js
  - [slug].js
```

除此之外，还可通过 pages/目录中的文件夹创建嵌套路由。如果打算生成/posts/路由，可在 pages/posts/文件夹中创建一个新的 index.js 文件，导出一个包含 JSX 代码的函数并访问 http://localhost:3000/posts。

随后需要针对每个博客帖子创建一个动态路由，以便每次在站点上发布一篇文章时无须以手动方式创建一个新页面。针对于此，可在 pages/posts/文件夹中创建一个新文件，即 pages/posts/[slug].js 文件。取决于浏览器地址栏中的用户类型，[slug]表示一个可包含任何值的路由变量。此时，我们正在创建一个包含 slug 变量的路由，并针对每个博客帖子而变化。

我们可从 pages/posts/[slug].js 文件中导出一个包含 JSX 代码的简单函数，随后访问 http://localhost:3000/posts/my-firstpost、http://localhost:3000/posts/foo-bar-baz 或其他 http://localhost:3000/posts/*路由。无论浏览至哪一个路由，一般都会渲染相同的 JSX 代码。

除此之外，还可在 pages/文件夹中嵌套多个动态路由。假设帖子页面结构为/posts/[date]/[slug]，我们可将名为[date]的新文件夹添加至 pages/目录中，并将 slug.js 文件移至其中。

```
pages/
- index.js
- contact-us.js
- posts/
  - index.js
  - [date]/
    - [slug].js
```

当前，可访问 http://localhost:3000/posts/2021-01-01/my-firstpost，并查看之前创建的JSX 内容。再次说明，[date]和[slug]变量可表达任何所需内容，因而可在浏览器上调用不同的路由进行尝试。

截至目前，我们采用了路由变量渲染相同的页面，取决于我们使用的路由变量，这些变量主要用于创建包含不同内容的高动态页面。根据这些变量，接下来考查如何渲染不同的内容。

3.2.1　在页面内使用路由变量

路由变量在创建高动态页面内容时十分有用。

下面考查一个欢迎页面。在之前创建的项目中生成 pages/greet/[name].js 文件。此处将使用 Next.js 的内建 getServerSideProps 函数，以从 URL 中以动态方式获取[name]变量，并向用户提供欢迎信息。

```
export async function getServerSideProps({ params }) {
  const { name } = params;
  return {
    props: {
      name
    }
  }
}
function Greet(props) {
  return (
    <h1> Hello, {props.name}! </h1>
  )
}
export default Greet;
```

随后打开浏览器并访问 http://localhost:3000/greet/Mitch。此时可在屏幕上看到"Hello, Mitch!"消息。记住，当前正在使用[name]变量，因而可尝试使用不同的名称。

 重要提示：

当使用 getServerSideProps 和 getStaticProps 函数时，记住，此类函数需要返回一个对象。另外，如果打算将这两个函数之一中的任何 prop 传递至页面中，应确保将其传递至返回对象的 props 属性中。

从 URL 中获取数据不可或缺。在前述示例中，我们生成了一个简单的页面，并针对其他目标使用了[name]变量，如从数据库中获取用户数据以显示其个人资料。第 4 章将深入考查数据的获取机制。

有些时候，需要从组件中获取路由变量，而非页面。基于 React 钩子（稍后将对此加以讨论），Next.js 简化了这一操作。

3.2.2　在组件中使用路由变量

前述内容介绍了如何在页面中使用路由变量。相应地，Next.js 并不支持在页面外部使用 getServerSideProps 和 getStaticProps 函数，那么应如何在其他组件中使用这两个函数呢？

Next.js 通过 useRouter 钩子简化了这一操作，可从 next/router 文件中导入 useRouter 钩子。

```
import { useRouter } from 'next/router';
```

useRouter 钩子工作方式与其他 React 钩子（与功能组件中的 React 状态和生命周期交互的函数）并无太多不同，并且可在任何组件中对其进行实例化。下面重构之前的欢迎页面。

```
import { useRouter } from 'next/router';
function Greet() {
  const { query } = useRouter();
  return <h1>Hello {query.name}!</h1>;
}
export default Greet;
```

可以看到，我们析取了 useRouter 钩子中的 query 参数，其中包含了路由变量（当前仅包含[name]变量）和解析后的查询字符串参数。

通过将任意查询参数添加至 URL 中，并在组件中记录 query 变量，此处可以看到 Next.js 是如何传递路由变量和查询字符串的。

```
import { useRouter } from 'next/router';
function Greet() {
  const { query } = useRouter();
  console.log(query);
  return <h1>Hello {query.name}!</h1>;
}
export default Greet;
```

如果尝试调用下列 URL：http://localhost:3000/greet/Mitch?learning_nextjs=true，则可以看到记录于终端中的下列对象。

```
{learning_nextjs: "true", name: "Mitch"}
```

 重要提示：
当采用与路由变量相同的关键字添加一个查询参数时，Next.js 并不会抛出任何错误。

对此，可调用下列 URL 轻松地进行尝试：http://localhost:3000/greet/Mitch?name=Christine。不难发现，Next.js 优先考虑路由变量，随后页面中将显示 Hello, Mitch!。

3.2.3 客户端导航

Next.js 不仅支持服务器上的 React 渲染机制，同时还提供了多种方式优化站点的性能，如何处理客户端导航便是其中之一。

实际上，Next.js 针对链接页面支持 HTML 的标准<a>标签，同时还通过更加优化的方式在不同路由之间进行导航，如 Link 组件。

我们可将其作为标准的 React 组件进行导出，以用于链接不同的页面或各部分站点。考查下列简单的示例。

```
import Link from 'next/link';
function Navbar() {
  return (
    <div>
      <Link href='/about'>Home</Link>
      <Link href='/about'>About</Link>
      <Link href='/about'>Contacts</Link>
    </div>
  );
}
export default Navbar;
```

默认状态下，Next.js 预加载视口中的每个 Link，这意味着，当单击某一个链接时，浏览器已持有渲染页面所需的全部数据。

可以通过将 preload={false} prop 传递至 Link 组件中禁用该特性，如下所示。

```
import Link from 'next/link';
function Navbar() {
  return (
    <div>
      <Link href='/about' preload={false}>Home</Link>
      <Link href='/about' preload={false}>About</Link>
      <Link href='/about' preload={false}>Contacts</Link>
    </div>
  );
}
export default Navbar;
```

在 Next.js 10 起，我们即可利用动态路由变量方便地链接页面。

假设需要链接下列页面：/blog/[date]/[slug].js。根据 Next.js 之前的版本，我们需要添加两个不同的 prop。

```
<Link href='/blog/[date]/[slug]'
 as='/blog/2021-01-01/happy-new-year'>
 Read post
</Link>
```

其中，href prop 通知 Next.js 需要渲染哪一个页面，而 as prop 则负责通知在浏览器的地址栏中的渲染方式。

由于 Next.js 10 引入的增强功能，我们不再需要使用 as prop，因为 href prop 已足够设置需要渲染的页面，以及浏览器中地址栏中显示的 URL。例如，可按照下列方式编写链接。

```
<Link href='/blog/2021-01-01/happy-new-year'> Read post </Link>
<Link href='/blog/2021-03-05/match-update'> Read post </Link>
<Link href='/blog/2021-04-23/i-love-nextjs'> Read post </Link>
```

🗒 **重要提示：**

虽然使用 Link 组件的页面动态链接的遗留方法仍适用于 Next.js >10，但该框架的最新版本简化了这一操作。如果读者体验过 Next.js 之前的版本，或者打算更新至版本大于 10，那么应记住相关的新特性，因为这些特性能够简化组件的开发，包括动态链接。

如果打算构建复杂的 URL，那么还可向 href prop 中传递一个对象。

```
<Link
 href={{
   pathname: '/blog/[date]/[slug]'
   query: {
     date: '2020-01-01',
     slug: 'happy-new-year',
     foo: 'bar'
   }
 }}
/>
 Read post
</Link>
```

当用户单击链接时，Next.js 将把浏览器重定向至下列链接：http://localhost:3000/blog/2020-01-01/happy-new-year?foo=bar。

3.2.4　使用 router.push 方法

在 Next.js 站点页面之前，还存在另一种移动方式，即使用 useRouter 钩子。

假设仅访问给定的页面并登录用户，对此已存在 useAuth 钩子。如果用户尚未登录，那么还可使用 useRouter 钩子并以动态方式重定向用户。

```
import { useEffect } from 'react';
import { useRouter } from 'next/router';
import PrivateComponent from '../components/Private';
import useAuth from '../hooks/auth';

function MyPage() {
  const router = useRouter();
  const { loggedIn } = useAuth();

  useEffect(() => {
    if (!loggedIn) {
      router.push('/login')
    }
  }, [loggedIn]);

  return loggedIn
    ? <PrivateComponent />
    : null;
}

export default MyPage;
```

可以看到，我们正在使用 useEffect 钩子且仅在客户端上运行代码。此时，如果用户尚未登录，那么可使用 router.push 方法将其重定向至登录页面。

类似于 Link 组件，通过将一个对象传递至 push 方法中，还可创建更加复杂的页面。

```
router.push({
  pathname: '/blog/[date]/[slug]',
  query: {
    date: '2021-01-01',
    slug: 'happy-new-year',
    foo: 'bar'
```

```
  }
});
```

当调用 router.push 函数后，浏览器将重定向至 http://localhost:3000/blog/2020-01-01/happy-new-year?foo=bar。

 重要提示：

Next.js 无法像 Link 组件那样预取所有的链接页面。

当需要将用户重定向至客户端（在发生特定动作之后）时，使用 router.push 方法将十分方便。但处理客户端导航时，并不建议将其作为默认方法。

截至目前，我们已经考查了 Next.js 如何通过静态和动态路由处理导航行为，以及如何以编程方式在客户端和服务器端强制执行重定向和导航操作。

稍后将考查 Next.js 如何处理静态数据资源和动态优化图像，进而改进性能和 SEO 评级。

3.3　处理静态数据资源

对于术语静态数据资源，一般是指所有的非动态文件，如图像、字体、图标、编译后的 CSS 和 JS 文件。

处理这些数据资源最为简单的方式是使用 Next.js 提供的/public 默认文件夹。实际上，该文件夹中的每个文件均被视作静态数据资源。对此，可创建一个新文件 index.txt 并将其置入 public 文件夹中予以证实。

```
echo "Hello, world!" >> ./public/index.txt
```

当尝试启动服务器并访问 http://localhost:3000/index.txt 时，浏览器中将显示文本 Hello, world!。

在第 4 章中将深入讨论如何组织文件夹，以处理公共 CSS 和 JS 文件、图像、图标和所有的其他静态文件类型。

处理静态数据资源相对简单。然而，特定的文件类型可严重地影响站点的性能（和 SEO），如图像文件。

大多数时候，处理非优化图像将会降低用户体验，因为这会占用一些时间执行加载操作。待该操作完成后，这些图像会在渲染后移动部分布局，这可能会导致 UX 方面的诸多问题。当出现此类问题时，一般将其称作累积布局偏移（CLS）。图 3.1 显示了一个简单的 CLS 工作方式示例。

图 3.1　CLS 工作方式示例

在第 1 个浏览器选项卡中，图像尚未被加载，因此，两个文本区域看上去彼此靠近。在图像被加载完毕后，这将向下移动第 2 个文本区。此时，如果用户正在读取第 2 个文本区，那么将很容易错失相应的标记。

重要提示：

关于 CLS 的更多信息，读者可访问 https://web.dev/cls。

当然，Next.js 可轻松地避免 CLS 问题。对此，可使用一个新的内建组件 Image。

3.3.1　Next.js 自动图像优化

自 Next.js 10 起，该框架引入了新的 Image 组件和自动化图像优化。

在 Next.js 引入这两个新特性之前，我们需要利用外部工具优化每一幅图像，随后针对每个 HTML<img>标签编写一个复杂的 srcset 属性，以针对不同的屏幕尺寸设置响应图像。

实际上，自动图像优化通过现代格式（如 WebP）关注图像处理问题，但它也会回退至早期的图像格式（如果浏览器不支持新格式），如 png 或 jpg 格式。除此之外，自动图像优化还将重置图像的尺寸，以避免客户端处理大量的图像内容，从而对数据资源的下载速度带来负面影响。

需要记住的是，自动化图像优化采取请求方式工作，也就是说，仅当浏览器请求图像时才优化、重置和渲染图像，进而可与任何外部数据源（CMS 或图像服务）协同工作，且不会降低构建速度，这一点十分重要。

下面将在本地机器上尝试这一特性并查看其工作方式。假设需要处理如图 3.2 所示的图像。

图 3.2　图像由 Unsplash 网站上的 Łukasz Rawa 提供（https://unsplash.com/@lukasz_rawa）

当使用标准的 HTML 标签时，仅可实现下列操作。

```
<img
  src='https://images.unsplash.com/photo-1605460375648-278bcbd579a6'
  alt='A beautiful English Setter'
/>
```

然而，还可针对响应图像使用 srcset 属性，因而将针对不同屏幕分辨率优化图像，这也将涉及额外的一些数据资源处理步骤。

通过配置 next.config.js 文件并使用 Image 组件，Next.js 可进一步简化操作。针对前述 Unsplash 网站上的图像处理操作，下面向 next.config.js 文件的 images 属性中添加服务主机名。

```
module.exports = {
  images: {
    domains: ['images.unsplash.com']
  }
};
```

通过这种方式，我们可使用源自 Image 中主机名的一幅图像，Next.js 将自动优化该图像。

下面尝试在一个页面中导入上述图像。

```
import Image from 'next/image';

function IndexPage() {
```

```
return (
  <div>
    <Image
      src='https://images.unsplash.com/photo-1605460375648-278bcbd579a6'
      width={500}
      height={200}
      alt='A beautiful English Setter'
    />
  </div>
);
}
export default IndexPage;
```

打开浏览器后，将会看到图像被拉伸以匹配 Image 组件中指定的 width prop 和 height prop，如图 3.3 所示。

图 3.3　Image 组件的表达结果

通过可选的 layout prop，还可剪裁图像以匹配期望的尺寸。这里，layout prop 接收 4 个不同的值，即 fixed、responsive、intrinsic 和 fill，具体解释如下。

❑ fixed 的工作方式类似于 img HTML 标签。如果调整视口的尺寸，该值将保持尺寸不变。这意味着，对于较小（或较大）的屏幕，不会提供可响应的图像。

❑ responsive 的工作方式则与 fixed 相反。当调整窗口的大小时，该值将针对不同的屏幕尺寸并采用不同的方式处理优化后的图像。

❑ intrinsic 位于 fixed 和 responsive 之间。当缩小视口时，该值将提供不同的图像尺寸，但会在较大的屏幕上保持最大的图像。

❑　fill 将根据其父元素的宽度和高度拉伸图像。但是，fill 无法与 width prop 和 height prop 结合使用。相应地，可使用 fill 或者 width 和 height。

当前，当修正图像以使其正确地在屏幕上显示时，可按照下列方式重构 Image 组件。

```
import Image from 'next/image';

function IndexPage() {
 return (
   <div>
     <div
       style={{ width: 500, height: 200, position:'relative' }}
     >
       <Image
         src='https://images.unsplash.com/photo-
           1605460375648-278bcbd579a6'
         layout='fill'
         objectFit='cover'
         alt='A beautiful English Setter'
       />
     </div>
   </div>
 );
}
export default IndexPage;
```

可以看到，通过固定尺寸的 div 和 CSS position 属性（设置为 relative）封装了 Iamge 组件。此外还从 Image 组件中移除了 width prop 和 height prop，因而这会拉伸其父 div 的尺寸。

另外，我们还添加了 objectFit prop（设置为 cover），进而根据其父 div 尺寸裁剪图像，最终结果如图 3.4 所示。

当在浏览器上查看最终的 HTML 时，可以看到 Image 组件生成多个不同的图像尺寸，并通过标准 img HTML 标签的 srcset 属性实现。

```
<div style="..."
<img alt="A beautiful English Setter"src="/_next/
image?url=https%3A%2F%2Fimages.unsplash.com%2Fphoto-
1605460375648-278bcbd579a6&w=3840&q=75" decoding="async"
sizes="100vw" srcset="/_next/image?url=https%3A%2F%2Fimages.
unsplash.com%2Fphoto-1605460375648-278bcbd579a6&w=640&q=75
640w, /_next/image?url=https%3A%2F%2Fimages.unsplash.
```

```
com%2Fphoto-1605460375648-278bcbd579a6&w=750&q=75 750w, /_
next/image?url=https%3A%2F%2Fimages.unsplash.com%2Fphoto-
1605460375648-278bcbd579a6&w=828&q=75 828w, /_next/
image?url=https%3A%2F%2Fimages.unsplash.com%2Fphoto-
1605460375648-278bcbd579a6&w=1080&q=75 1080w, /_next/
image?url=https%3A%2F%2Fimages.unsplash.com%2Fphoto-
1605460375648-278bcbd579a6&w=1200&q=75 1200w, /_next/
image?url=https%3A%2F%2Fimages.unsplash.com%2Fphoto-
1605460375648-278bcbd579a6&w=1920&q=75 1920w, /_next/
image?url=https%3A%2F%2Fimages.unsplash.com%2Fphoto-
1605460375648-278bcbd579a6&w=2048&q=75 2048w, /_next/
image?url=https%3A%2F%2Fimages.unsplash.com%2Fphoto-
1605460375648-278bcbd579a6&w=3840&q=75 3840w" style="..."
</div>
```

图 3.4　将 layout prop 设置为 fill 时的图像组件的显示结果

最后一点需要注意的是，当在 Google Chrome 或 Firefox 上查看图像格式时，将会看到对应的图像格式为 WebP，即使 Unsplash 提供的原始图像是 jpeg。当在 iOS 上利用 Safari 尝试渲染同一图像时，Next.js 将处理原始的 jpeg 格式，因为 iOS 浏览器目前尚不支持 WebP 格式（在编写本书时）。

如前所述，Next.js 根据具体需求运行自动图像优化操作，这意味着，如果给定的图像未被请求，那么该图像将不会被优化。

整个优化阶段出现于 Next.js 运行的服务器上。如果正在运行包含大量图像的 Web 应用程序，这将会影响服务器的性能。稍后将考查如何将优化阶段托管至外部服务。

3.3.2　在外部服务上运行自动图像优化

默认状态下，自动图像优化运行于与 Next.js 相同的服务器上。当然，如果在包含较少资源的小型服务器上运行站点，这将对其性能产生影响，据此，Next.js 可在外部服务上运行自动图像优化操作，即在 next.config.js 文件中设置 loader 选项。

```
module.exports = {
  images: {
    loader: 'akamai',
    domains: ['images.unsplash.com']
  }
};
```

如果打算将 Web 应用程序部署至 Vercel 上，则无须在 next.config.js 文件中设置任何加载器，因为 Vercel 将负责关注图像文件的优化和处理行为；否则，需要使用下列外部服务。

❑　Akamai: https://www.akamai.com。

❑　Imgix: https://www.imgix.com。

❑　Cloudinary: https://cloudinary.com。

如果不打算使用上述任何服务，或者打算使用自定义图像用户服务器，那么可直接在组件中使用 loader prop。

```
import Image from 'next/image'
const loader = ({src, width, quality}) => {
  return `https://example.com/${src}?w=${width}&q=${quality || 75}`
}
function CustomImage() {
  return (
    <Image
      loader={loader}
      src="/myimage.png"
      alt="My image alt text"
      width={350}
      height={540}
    />
  )
}
```

通过这种方式，将能够处理来自任何外部服务的图像，并使用自定义图像优化服务器或免费的开源项目，如 Imgproxy（https://github.com/imgproxy/imgproxy）或 Thumbor
（https://github.com/thumbor/thumbor）。

 重要提示：

　　当使用自定义加载器时，应注意每项服务均包含自身的 API 以缩放和处理图像。例如，
当处理 Imgproxy 中的图像时，需要通过下列 URL 对其调用：https://imgproxy.example.com/
<authkey>/fill/500/500/sm/0/plain/https://example.com/images/myImage.jpg。当使用 Thumbor
时，则需要通过不同的 URL 模式对其进行调用，即 https://thumbor.example.com/500x500/
smart/example.com/images/myImage.jpg。

　　在创建一个自定义加载器之前，建议首先阅读图像优化服务器的文档。

　　近些年来，正确地处理图像变得越发复杂，因而需要花费一定的时间对其进行调优，
因为这将在许多关键方面影响用户体验。

　　然而，当构建一个 Web 应用程序时，还可考虑使用 Web 抓取程序、机器人和 Web
爬虫程序。这些 Web 技术将会查看 Web 页面的元数据，进而采取索引、链接和评估的操
作。稍后将讨论如何处理元数据。

3.4　处理元数据

　　正确地处理元数据是现代 Web 开发中的重要部分。为了简化起见，下面考查如何在
Facebook 或 Twitter 上分享一个链接。当在 Facebook 上共享 React 站点（https://reactjs.org）
时，将会看到如图 3.5 所示的内容。

图 3.5　https://reactjs.org 中的 Open Graph 数据

　　当在图 3.5 中显示相关数据时，Facebook 采用了名为 Open Grah 的协议（https://ogp.me）。为了将此信息发布至社交网络或站点上，还需要向页面中添加某些元数据。

　　截至目前，我们尚未讨论如何以动态方式设置 Open Graph 数据、HTML 标题或 HTML 元标签。从技术角度上看，虽然站点在缺少此类数据的情况下仍可工作，但搜索引擎将对页面做出惩罚，进而错失重要的信息。另外，用户体验也将会受到负面影响，因为这些元数据可帮助浏览器创建一种优化的用户体验。

　　再次说明，Next.js 提供了多种方式处理此类问题，如内建的 Head 组件。实际上，该组件允许我们更新源自任意组件的 HTML 页面的<head>部分。这表明，取决于用户导航，我们能够采用动态方式并在运行期修改、添加或删除任何元数据、链接或脚本。

　　下面首先讨论元数据中最为常见的动态部分，即 HTML <title>标签，并设置一个新的 Next.js 项目，随后创建两个新页面。

　　其中，我们创建的第 1 个页面为 index.js，如下所示。

```
import Head from 'next/head';
import Link from 'next/link';
function IndexPage() {
  return (
    <>
      <Head>
       <title> Welcome to my Next.js website </title>
      </Head>
      <div>
        <Link href='/about' passHref>
          <a>About us</a>
        </Link>
      </div>
    </>
  );
}
export default IndexPage;
```

第 2 个页面为 about.js，如下所示。

```
import Head from 'next/head';
import Link from 'next/link';
function AboutPage() {
  return (
    <>
      <Head>
       <title> About this website </title>
```

```
    </Head>
    <div>
      <Link href='/''passHref>
        <a>Back to home</a>
      </Link>
    </div>
  </>
  );
}
export default AboutPage;
```

运行服务器，用户将能够在两个页面间导航，并可看到<title>内容将根据所访问的路由发生变化。

接下来考查一个稍显复杂的示例。其间需要创建一个新组件，该组件仅显示一个按钮。当单击该按钮后，页面标题将根据当前所在页面产生变化。再次单击该按钮后则可回退至最初的标题。

下面在项目的根目录中创建一个新的文件夹 components/，并在该文件夹中创建一个新的文件 components/Widget.js。

```
import { useState } from 'react';
import Head from 'next/head';
function Widget({pageName}) {
  const [active, setActive] = useState(false);
  if (active) {
    return (
      <>
        <Head>
          <title> You're browsing the {pageName} page
          </title>
        </Head>
        <div>
          <button onClick={() =>setActive(false)}>
            Restore original title
          </button>
          Take a look at the title!
        </div>
      </>
    );
  }
  return (
    <>
```

```
        <button onClick={() =>setActive(true)}>
          Change page title
        </button>
      </>
  );
}
export default Widget;
```

接下来编辑 index.js 和 about.js 页面以包含当前组件。

首先打开 index.js 文件并导入 Widget 组件，随后在新的<div>中对其进行渲染。

```
import Head from 'next/head';
import Link from 'next/link';
import Widget from '../components/Widget';
function IndexPage() {
  return (
    <>
      <Head>
        <title> Welcome to my Next.js website </title>
      </Head>
      <div>
        <Link href='/about' passHref>
          <a>About us</a>
        </Link>
      </div>
      <div>
        <Widget pageName='index' />
      </div>
    </>
  );
}
export default IndexPage;
```

接着针对 about.js 文件执行相同操作。

```
import Head from 'next/head';
import Link from 'next/link';
import Widget from '../components/Widget';

function AboutPage() {
  return (
    <>
      <Head>
```

```
    <title> About this website </title>
    </Head>
    <div>
      <Link href='/''passHref>
        <a>Back to home</a>
      </Link>
    </div>
    <div>
      <Widget pageName='about' />
    </div>
    </>
  );
}
export default AboutPage;
```

在标题被重构后，每次单击 Change page title 按钮，Next.js 将更新 HTML <title>元素。

重要提示：

如果多个组件正尝试更新同一元标签，Next.js 偶尔会利用不同的内容复制同一标签。例如，如果持有编辑<title>标签的两个组件，最终将在<head>中包含两个不同的<title>标签。通过向 HTML 标签中添加 key prop 可避免这种情况，如下所示。

```
<title key='htmlTitle'>some content</title>
```

通过这种方式，Next.js 将利用特定的键查找每个 HTML 标签，并对其进行更新操作，而不是添加一个新的标签。

截至目前，我们考查了如何在页面和组件中处理元数据，但有些时候需要在不同的组件上使用相同的元数据。此时，我们一般不会对每个组件从头开始重写所有的元数据，因此，这里引入了分组元数据这一概念，即仅针对这一类 HTML 标签处理创建整个组件。

针对于此，可能需要向站点中添加多个元标签以改进其 SEO 性能。此类问题主要是通常可方便地创建包含大致相同标签的大型页面组件。基于这一原因，常见的做法是根据具体需求创建一个或多个组件，以处理大多数公共 head 元标签。

假设需要向站点中添加博客部分，其间可能需要向 Open Graph 数据、Twitter card 和博客帖子的其他元数据中添加相应的支持。因此，我们可方便地在一个 PostHead 组件中对这些公共数据进行分组。

下面创建一个新文件 components/PostHead.js 并添加下列脚本。

```javascript
import Head from 'next/head';

function PostMeta(props) {
  return (
    <Head>
      <title> {props.title} </title>
      <meta name="description" content={props.subtitle} />

      {/* open-graph meta */}
      <meta property="og:title" content={props.title} />
      <meta property="og:description" content={props.subtitle} />
      <meta property="og:image" content={props.image} />

      {/* twitter card meta */}
      <meta name="twitter:card" content="summary" />
      <meta name="twitter:title" content={props.title} />
      <meta name="twitter:description" content={props.description} />
      <meta name="twitter:image" content={props.image} />
    </Head>
  );
}
export default PostMeta;
```

接下来创建一个模拟帖子。此处将创建一个名为 data 的新文件夹，并在其中创建一个名为 posts.js 的文件。

```javascript
export default [
  {
    id: 'qWD3Pzce',
    slug: 'dog-of-the-day-the-english-setter',
    title: 'Dog of the day: the English Setter',
    subtitle: 'The English Setter dog breed was named for these dogs\'
      practice of "setting", or crouching low, when they found birds
      so hunters could throw their nets over them',
    image:'https://images.unsplash.com/photo-1605460375648-278bcbd579a6'
  },
  {
    id: 'yI6BK404',
    slug: 'about-rottweiler',
    title: 'About Rottweiler',
    subtitle:
      "The Rottweiler is a breed of domestic dog, regarded
      as medium-to-large or large. The dogs were known in
```

```
    German as Rottweiler Metzgerhund, meaning Rottweil
    butchers' dogs, because their main use was to herd
    livestock and pull carts laden with butchered meat to market",
  image:'https://images.unsplash.com/photo-1567752881298-894bb81f9379'
},
{
  id: 'VFOyZVyH',
  slug: 'running-free-with-collies',
  title: 'Running free with Collies',
  subtitle:
    'Collies form a distinctive type of herding dogs, including many
    related landraces and standardized breeds. The type originated in
    Scotland and Northern England. Collies are medium-sized,
    fairly lightlybuilt dogs, with pointed snouts. Many types have a
    distinctive white color over the shoulders',
  image:'https://images.unsplash.com/photo-1517662613602-4b8e02886677'
  }
];
```

当前，仅需创建一个[slug]页面显示帖子。这里，全部路由为/blog/[slug]，因此可在 pages/blog/中创建一个名为[slug].js 的新文件，并添加下列内容。

```
import PostHead from '../../components/PostHead';
import posts from '../../data/posts';
export function getServerSideProps({ params }) {
  const { slug } = params;
  const post = posts.find((p) => p.slug === slug);
  return {
    props: {
      post
    }
  };
}
function Post({ post }) {
  return (
    <div>
      <PostHead {...post} />
        <h1>{post.title}</h1>
        <p>{post.subtitle}</p>
    </div>
  );
}
export default Post;
```

当访问 http://localhost:3000/blog/dog-of-the-day-theenglish-setter 并查看最终的 HTML 结果时，将会看到下列标签。

```
<head>
  ...
  <title> Dog of the day: the English Setter </title>
  <meta name="description" content="The English Setter dog
   breed was named for these dogs' practice of "setting",
   or crouching low, when they found birds so hunters could
   throw their nets over them">
  <meta property="og:title" content="Dog of the day: the English Setter">
  <meta property="og:description" content="The English
   Setter dog breed was named for these dogs' practice of
   "setting", or crouching low, when they found birds so
   hunters could throw their nets over them">
  <meta property="og:image" content="https://images.unsplash.com/
   photo-1605460375648-278bcbd579a6">
  <meta name="twitter:card" content="summary">
  <meta name="twitter:title" content="Dog of the day: the English Setter">
  <meta name="twitter:description">
  <meta name="twitter:image" content="https://images.unsplash.com/
   photo-1605460375648-278bcbd579a6">
...
</head>
```

接下来尝试浏览其他博客帖子，并针对每个帖子查看 HTML 内容的变化方式。

该方案并非是强制性的，但可以从逻辑上将与 head 相关的组件与其他组件进行分离，从而形成更有组织的代码库。

但是，如果每个页面上需要相同的元标签（或者至少是某些公共的基本数据），情况又当如何？实际上，我们并不需要在每个页面上重写独立的标签，或者导入一个公共的组件。稍后将讨论如何通过自定义_app.js 文件以避免这一问题。

3.5　自定义_app.js 和_document.js 文件

有些时候，我们需要控制页面的初始化行为，以便每次渲染一个页面时，Next.js 需要在将最终的 HTML 发送至客户端之前运行特定的操作。对此，Next.js 允许我们在 pages/目录中创建两个新的文件，即_app.js 和_document.js 文件。

3.5.1 _app.js 页面

默认状态下，Next.js 配置了 pages/_app.js 文件，如下所示。

```
import '../styles/globals.css'

function MyApp({ Component, pageProps }) {
  return <Component {...pageProps} />
}

export default MyApp
```

可以看到，该函数仅返回 Next.js 页面组件（Component prop）及其 prop（pageProps）。

当前，假设需要在全部页面间共享一个导航栏，且无须在每个页面上以手动方式导入该组件。对此，可在 components/Navbar.js 内创建一个 Navbar。

```
import Link from 'next/link';
function Navbar() {
  return (
    <div
      style={{
        display: 'flex',
        flexDirection: 'row',
        justifyContent: 'space-between',
        marginBottom: 25
      }}
    >
      <div>My Website</div>
      <div>
        <Link href="/">Home </Link>
        <Link href="/about">About </Link>
        <Link href="/contacts">Contacts </Link>
      </div>
    </div>
  );
}
export default Navbar;
```

这是一个仅包含 3 个链接的简单的导航栏，进而可在站点中进行导航。

接下来需要将导航栏导入_app.js 页面中，如下所示。

```
import Navbar from '../components/Navbar';
```

```
function MyApp({ Component, pageProps }) {
  return (
    <>
      <Navbar />
      <Component {...pageProps} />
    </>
  );
}
export default MyApp;
```

如果继续创建两个页面（about.js 和 contacts.js），将会看到 Navbar 组件将在任意页面上被渲染。

接下来添加对深色主题和浅色主题的支持。对此，可创建一个 React 上下文，并将 <Component /> 组件封装至 _app.js 文件中。

随后在 components/themeContext.js 中创建一个上下文。

```
import { createContext } from 'react';
const ThemeContext = createContext({
  theme: 'light',
  toggleTheme: () => null
});
export default ThemeContext;
```

返回 _app.js 文件中并创建主题状态和内联 CSS 样式，并将该页面组件封装至一个上下文供应商中。

```
import { useState } from 'react';
import ThemeContext from '../components/themeContext';
import Navbar from '../components/Navbar';
const themes = {
  dark: {
    background: 'black',
    color: 'white'
  },
  light: {
    background: 'white',
    color: 'black'
  }
};

function MyApp({ Component, pageProps }) {
  const [theme, setTheme] = useState('light');
```

```
  const toggleTheme = () => {
    setTheme(theme === 'dark' ? 'light' : 'dark');
  };

  return (
    <ThemeContext.Provider value={{ theme, toggleTheme }}>
      <div
        style={{
          width: '100%',
          minHeight: '100vh',
          ...themes[theme]
        }}
      >
        <Navbar />
        <Component {...pageProps} />
      </div>
    </ThemeContext.Provider>
  );
}
export default MyApp;
```

此外还需要添加一个按钮以切换深色/浅色主题，随后将其添加全导航栏中。对此，
打开 components/Navbar.js 文件并添加下列代码。

```
import { useContext } from 'react';
import Link from 'next/link';
import themeContext from '../components/themeContext';

function Navbar() {
  const { toggleTheme, theme } = useContext(themeContext);
  const newThemeName = theme === 'dark' ? 'light' : 'dark';

  return (
    <div
      style={{
        display: 'flex',
        flexDirection: 'row',
        justifyContent: 'space-between',
        marginBottom: 25
      }}
    >
      <div>My Website</div>
```

```
    <div>
      <Link href="/">Home </Link>
      <Link href="/about">About </Link>
      <Link href="/contacts">Contacts </Link>
      <button onClick={toggleTheme}>
        Set {newThemeName} theme
      </button>
    </div>
  </div>
  );
}
export default Navbar;
```

当尝试切换深色主题，并随后利用导航栏在全部站点页面之间导航时，将会看到 Next.js 在每个路由之间使主题状态保持一致。

自定义_app.js 页面时需要注意，它不像其他页面那样通过 getServerSideProps 或 getStaticProps 执行数据获取操作。其主要应用场合是在导航（深色/浅色主题、购物车中的商品等）、添加全局样式、处理页面布局，或者向页面 prop 中添加额外数据期间维护页面间的状态。

出于某些原因，如果每次渲染一个页面时必须在服务器端获取数据，仍可使用内建的 getInitialProps 函数，但这会占用一定的开销，并丧失动态页面中的自动静态优化，因为 Next.js 需要针对每个单一页面执行服务器端渲染。

如果 Web 应用程序可以承受这些开销，则可方便地使用相应的内建方法，如下所示。

```
import App from 'next/app'
function MyApp({ Component, pageProps }) {
  return <Component {...pageProps} />
};
MyApp.getInitialProps = async (appContext) => {
  const appProps = await App.getInitialProps(appContext);
  const additionalProps = await fetch(...)
  return {
    ...appProps,
    ...additionalProps
  }
};
export default MyApp;
```

虽然自定义（定制）_app.js 文件允许我们自定义页面组件的渲染方式，但有些场合该方法却无能为力，如需要自定义<html>或<body>这一类 HTML 标签时。

3.5.2　_document.js 页面

当编写 Next.js 页面组件时，无须定义基本的 HTML 标签，如<head>、<html>或
<body>。前述内容已经介绍了如何利用 Head 组件自定义<head>标签，但对于<html>和
<body>标签，情况则有所变化。

为了渲染这两个基本的标记，Next.js 使用了名为 Document 的内建类，并可通过在
pages/目录中创建名为_document.js 的新文件来扩展该类，这与_app.js 文件的做法十分
类似。

```js
import Document,{
    Html,
    Head,
    Main,
    NextScript
} from 'next/document';

class MyDocument extends Document {
  static async getInitialProps(ctx) {
    const initialProps = await Document.getInitialProps(ctx);
    return { ...initialProps };
  }

  render() {
    return (
      <Html>
        <Head />
        <body>
          <Main />
          <NextScript />
        </body>
      </Html>
    );
  }
}
export default MyDocument;
```

对于刚刚创建的_document.js 文件，具体解释如下。首先导入 Document，并添加自
定义脚本以对该类进行扩展。随后导入 4 个所需组件以使 Next.js 应用程序可正常工作。

❑　Html：Next.js 应用程序的<html>标签。作为 prop，可向其中传递任何标准的

HTML 属性（如 lang）。

❑ Head：可将该组件用于全部应用程序页面的所有公共标签。该组件并非第 3 章中所讨论的 Head 组件，但二者的行为类似，但前者仅用于所有站点页面的公共代码。

❑ Main：Next.js 于此处渲染页面组件。浏览器并不会初始化<Main>之外的每个组件。因此，如果需要共享页面间的公共组件，应将其置于_app.js 文件中。

❑ NextScript：当尝试查看 Next.js 生成的某个 HTML 页面时，可以看到一些自定义 JavaScript 脚本被添加至标记中。在这些脚本中，可查看到运行客户端逻辑、React 水合作用等的全部所需代码。

移除上述任何组件均会破坏 Next.js 应用程序，因此应确保在编辑_document.js 页面之前导入这些组件。

类似于_app.js，_document.js 并不支持服务器端数据获取方法，如 getServerSideProps 和 getStaticProps。虽然我们仍会访问 getInitialProps 方法，但应避免将数据获取函数置于其中，因为这将禁用自动站点优化功能，并强制服务器在服务器端渲染每个请求页面。

3.6　本　章　小　结

本章介绍了许多与 Next.js 相关的重要概念，包括如何正确地处理图像、通过预取目标页面在页面间导航、动态创建和删除自定义元数据，以及如何创建动态路由以使用户体验更具动态感。除此之外，我们还考查了如何自定义_app.js 和_document.js 文件，进而在全部应用程序页面间保持界面一致。

目前，我们一直避免调用外部的 REST API，因为对于应用程序来说，这将引入额外的复杂层。第 4 章将讨论这一话题，以及如何在客户端和服务器端集成 REST 和 GraphQL API。

Next.js 实战

这一部分内容将开始编写一些小型的 Next.js 应用程序，进而强调各章的主要概念，包括使用 UI 框架的正确决策、样式方法、测试策略等。

第 2 部分内容主要包括下列 8 章。

第 4 章，在 Next.js 中组织代码库和获取数据。

第 5 章，在 Next.js 中管理本地和全局状态。

第 6 章，CSS 和内建样式化方法。

第 7 章，使用 UI 框架。

第 8 章，使用自定义服务器。

第 9 章，测试 Next.js。

第 10 章，与 SEO 协同工作和性能管理。

第 11 章，不同的部署平台。

第 4 章　在 Next.js 中组织代码库和获取数据

最初，Next.js 由于能够简化服务器端（而非仅仅是客户端）的 React 页面渲染而变得流行。然而，为了渲染特定的组件，常需要使用一些来自外部源的数据，如 API 和数据库。

本章将首先考查如何组织文件夹结构，这也是管理应用程序状态时保持 Next.js 数据流整洁的决定因素（第 5 章将对此加以讨论）。随后，本章将考查如何在客户端和服务器端集成外部 REST 和 GraphQL API。

随着应用程序的发展，其复杂程度也会不断增加，因此从项目的引导阶段即应有所准备。一旦实现了新的特性，我们就需要添加新的组件、实用工具、样式和页面。对此，我们将在原子设计原则、实用工具函数、样式的基础上考查如何组织组件，以及如何使代码库快速、简洁地处理应用程序状态。

本章主要包含下列主题。

- ❑ 利用原子设计原则组织组件。
- ❑ 组织实用工具函数。
- ❑ 以简洁的方式组织静态数据资源。
- ❑ 样式文件组织简介。
- ❑ lib 文件的含义及其组织方式。
- ❑ 仅在服务器端使用 REST API。
- ❑ 仅在客户端使用 REST API。
- ❑ 在客户端和服务器端均设置 Apollo 并使用 GraphQL API。

在阅读完本章后，读者将了解如何针对组件利用原子设计原则组织代码库，以及如何在逻辑上分割不同的实用工具文件。除此之外，我们还将熟悉如何使用 REST 和 GraphQL API。

4.1　技术需求

当运行本章的示例代码时，需要在本地机器上安装 Node.js 和 npm。如果读者感兴趣的话，还可以使用在线 IDE，如 https://repl.it 或 https://codesandbox.io，二者均支持 Next.js，且读者无须在计算机上安装任何依赖项。

另外，读者还可访问 GitHub 储存库查看本章代码，对应网址为 https://github.com/
PacktPublishing/Real-World-Next.js。

4.2　组织文件夹结构

为了使代码库保持可扩展性和可维护性，以简洁、清晰的方式组织新项目的文件夹
结构十分重要。

如前所述，Next.js 强制我们将某些文件和文件夹置于代码库的特定位置（如_app.js
和_documents.js 文件，以及 pages/和 public/目录等）处。但是，Next.js 还提供了一种方
式以在项目储存库中自定义相应的位置。

下面快速回顾默认的 Next.js 文件夹结构。

```
next-js-app
 - node_modules/
 - package.json
 - pages/
 - public/
 - styles/
```

自上而下，当使用 create-next-app 创建新的 Next.js 应用程序时，将会得到下列文件夹。

❑　node_modules/：Node.js 项目依赖项的默认文件夹。

❑　pages/：放置页面并构建 Web 应用程序的路由系统的目录。

❑　public/：放置静态资源文件（如编译后的 CSS 和 JavaScript 文件、图像和图标）
　　的目录。

❑　styles/：放置与格式无关的样式模块（如 CSS、SASS、LESS）的目录。

自此，我们可开始自定义自己的储存库结构，以简化导航操作。首先需要了解的是，
Next.js 允许我们将 pages/目录移至 src/文件夹中。除此之外，还可将其他目录（除 public/
和 node_modules 之外）移至 src/文件夹中，以使根目录更加简洁。

 重要提示：

记住，如果项目中包含 pages/和 src/pages/目录，那么 Next.js 将忽略 src/pages/目录，
因为根级别的 pages/目录优先。

接下来将考查组织整体代码库的一些常见规则，首先讨论 React 组件。

4.2.1　组织组件

本节将查看一个真实的文件夹结构，包括一些样式数据资源（参见第 6 章）和测试文件（参见第 9 章）。

截至目前，我们仅讨论了一种文件夹结构，以帮助我们方便地编写和查找配置文件、组件、测试和样式。相应地，我们将在各自的章节中深入讨论之前所引用的各项技术。

文件夹结构的设置存在多种方式。首先，可将组件分离至 3 个不同的分类中，随后针对每个组件将样式和测试置于同一文件夹中。

对此，可在根目录中创建一个新的 components/文件夹，随后进入 components/文件夹中并创建下列文件夹。

```
mkdir components && cd components
mkdir atoms
mkdir molecules
mkdir organisms
mkdir templates
```

当前，基于原子设计原则，我们将组件划分为 4 个不同的级别，以便更好地组织代码库。这是一种较为流行的规则，当然，读者也可遵循其他代码组织方案。

此处将把组件划分为 4 个分类。

- ❑ atoms：代码库中所编写的最基本的组件。某些时候，它们可被视为标准 HTML 元素的一个封装器，如 button、input 和 p。此外，还可向这一组件分类中添加动画、调色板等。
- ❑ molecules：组合后的小型原子分组，进而利用最少的实用工具创建稍显复杂的结构。输入原子和标记原子结合后可被视为一个直观的分子示例。
- ❑ organisms：分子和原子组合后可创建复杂的结构，如注册表格、页脚和幻灯片导航。
- ❑ templates：可将模板视为一个页面框架。这里，可确定在哪里设置 organisms、atoms、molecules，进而创建用户浏览的最终页面。

关于原子设计的更多内容，可访问 https://bradfrost.com/blog/post/atomic-web-design。

假设需要创建一个 Button 组件。当创建一个新组件时，通常至少需要 3 个文件，即组件自身及其样式，以及一个测试文件。对此，进入 components/atoms/目录并随后生成一个名为 Button/的文件夹进而创建上述各文件。在 Button/文件夹被创建完毕后，进入该文件夹中并创建组件的文件。

```
cd components/atoms/Button
touch index.js
touch button.test.js
touch button.styled.js # or style.module.css
```

当需要搜索、更新或修复给定的组件时，通过这种方式组织组件将十分有用。假设在生产阶段定位一个涉及 Button 组件的 bug，我们可方便地在代码库中查找对应的组件及其测试文件和样式文件，并对此进行修复。

当然，遵循原子设计原则并非必需，但该原则有助于保持项目结构的简洁性且易于维护，因而推荐使用。

4.2.2　组织实用工具

一些特定的文件并不会导出任何组件，这些文件仅仅是用于不同功能的模块化脚本。本节将讨论实用工具脚本。

假设存在多个组件，其功能是检查是否已经过一天中某个特定的小时，进而显示特定的信息。这里，在每个组件中编写相同的函数并不可取，因而可编写一个通用函数，随后将该函数导入需要这一特性的每个组件中。

相应地，可将全部实用工具函数置于 utility/文件夹，随后根据对应的功能将实用工具划分为不同的文件。例如，假设需要 4 个实用工具函数：第 1 个函数根据当前时间执行计算工作，第 2 个函数在 localStorage 上执行特定的操作，第 3 个函数与 JWT（JSON Web Token）协同工作，最后一个函数负责编写应用程序日志。

下面在 utilities/目录中创建 4 个不同的文件。

```
cd utilities/
touch time.js
touch localStorage.js
touch jwt.js
touch logs.js
```

4 个文件已被创建完成，现在可以继续创建它们各自的测试文件，如下所示。

```
touch time.test.js
touch localStorage.test.js
touch jwt.test.js
touch logs.test.js
```

此时，实用工具根据各自的范围进行分组，这样就很容易记住在开发过程中需要从哪个文件中导入特定的函数。

除此之外，还存在实用工具文件的其他组织方案。例如，可能需要针对每个实用工具文件创建一个文件夹，以便于其中放置测试、样式和其他内容，进而使得代码库更具组织性。

4.2.3　组织静态数据资源

在第 3 章中曾讨论过，Next.js 可简化静态文件的处理，且仅需将静态文件置于 public/文件夹中。Next.js 框架负责完成其余工作。

对此，应了解哪些静态文件需要在 Next.js 应用程序中进行处理。

在一个标准的站点中，可能至少需要处理下列静态数据资源。

- ❑　图像。
- ❑　编译后的 JavaScript 文件。
- ❑　编译后的 CSS 文件。
- ❑　图标（包括收藏夹图标和 Web 应用程序图标）。
- ❑　manifest.json、robot.txt 和其他静态文件。

在 public/文件夹中，创建一个名为 assets/的新目录。

```
cd public && mkdir assets
```

在新生成的目录中，针对各类型的静态数据资源创建一个新的文件夹。

```
cd assets
mkdir js
mkdir css
mkdir icons
mkdir images
```

我们将把编译后的供应商 JavaScript 文件置于 js/目录中，且对编译后的供应商 CSS 文件（位于 css/目录中）执行相同的操作。当启动 Next.js 服务器时，即可在 http://localhost:3000/assets/js/<any-js-file>和 http://localhost:3000/assets/css/<any-css-file>中查看到这些公共文件。除此之外，还可通过调用下列 URL 查看每个公共图像：http://localhost:3000/assets/image/<any-image-file>。但这里建议采用第 3 章介绍的 Image 组件处理此类数据资源。

icons/目录主要用于处理 Web 应用程序清单图标。Web 应用程序清单是一个 JSON 文件，包括一些与渐进式 Web 应用程序相关的有用信息，如在移动设备上安装应用程序时所用的应用程序名称和图标。关于应用程序清单的更多信息，读者可访问 https://web.dev/add-manifest。

在 public/文件夹中，可添加一个新的 manifest.json 文件，进而方便地创建清单文件。

```
cd public/ && touch manifest.json
```

此处可通过一些基本信息填写 JSON 文件。考查下列 JSON 文件。

```json
{
  "name": "My Next.js App",
  "short_name": "Next.js App",
  "description": "A test app made with next.js",
  "background_color": "#a600ff",
  "display": "standalone",
  "theme_color": "#a600ff",
  "icons": [
    {
      "src": "/assets/icons/icon-192.png",
      "type": "image/png",
      "sizes": "192x192"
    },
    {
      "src": "/assets/icons/icon-512.png",
      "type": "image/png",
      "sizes": "512x512"
    }
  ]
}
```

如第 3 章所述，可通过 HTML 元标签添加该文件。

```html
<link rel="manifest" href="/manifest.json">
```

通过这种方式，用户在浏览移动设备上的 Next.js 应用程序时，将能够在智能手机或平板计算机上安装该程序。

4.2.4　组织样式

样式组织取决于样式化 Next.js 应用程序的堆栈。

自 CSSinJS 框架起（如 Emotion、样式化组件、JSS 等），一种常见的方法是针对每个组件创建特定的样式文件。通过这种方式，当需要修改时，即可方便地在代码库中查找特定的组件样式。

然而，即使根据对应的组件分离样式文件可使代码库具有较好的组织化特征，但某些时候仍需要创建一些公共的样式或实用工具文件，如调色板、主题和媒体查询。

此时，重用 Next.js 默认安装中的默认 styles/目录将十分有用。相应地，可将公共样式置于 styles/文件夹中，仅在需要时将其导入其他样式文件中。

也就是说，并不存在真正意义上的样式文件组织方式。第 6 章和第 7 章将深入考查这些文件。

4.2.5　lib 文件

当谈及 lib 文件时，一般是指将第三方库显式地封装为 lib 文件的脚本。虽然实用工具脚本较为通用且用于多个不同的组件和库中，但 lib 文件则特定于某个库。为了清晰起见，下面讨论 GraphQL。

在稍后介绍数据获取机制时，需要初始化 GraphQL，在本地保存一些 GraphQL 查询和修改等。为了使这些脚本更具模块化，可将其存储至名为 graphql/的新文件夹中，该文件夹位于项目根目录的 lib/目录中。

下列模式展示了当前示例的文件夹结构的可视化结果。

```
next-js-app
 - lib/
  - graphql/
   - index.js
   - queries/
    - query1.js
    - query2.js
   - mutations/
    - mutation1.js
    - mutation2.js
```

其他库脚本还包括所有连接和查询 Redis、RabbitMQ 等的文件，或者特定于任何外部库的函数。

虽然在介绍数据流时，一个有组织的文件夹结构似乎是脱离了上下文，但这一类结构实际上可帮助我们管理应用程序状态。第 5 章将对此加以讨论。

当谈及应用程序状态时，组件在大多数时候应呈现为动态，这意味着，这些组件可以根据全局应用程序状态或源自外部服务的数据以不同的方式渲染内容和体现各自的行为。实际上，在许多场合，我们需要以动态方式调用外部 API 和检索 Web 应用程序内容。稍后将考查如何利用 GraphQL 和 REST 客户端在客户端和服务器端上获取数据。

4.3　数据获取机制

如前所述，Next.js 允许我们获取客户端和服务器端上的数据。其中，服务器端数据获取一般出现于两种不同的时期，即构建期（针对静态页面使用 getStaticProps）和运行期（针对服务器端渲染的页面使用 getServerSideProps）。

数据存在多个来源，如数据库、搜索引擎、外部 API、文件系统等。即使从技术角度上讲，Next.js 可针对特定数据访问数据库和查询，但作者认为该方案并不可取，因为 Next.js 应仅关注应用程序的前端。

假设正在构建一个博客，需要显示包含名称、职业和简介的作者页面。在该示例中，数据被存储于 MySQL 中，那么对于 Next.js 来说，可通过 MySQL 客户端方便地对其进行访问。虽然访问源自 Next.js 中的数据相对简单，但却会降低应用程序的安全性。恶意用户可能会利用未知的框架漏洞、注入恶意代码，并使用其他数据窃取技术获取我们的数据。

针对于此，作者强烈建议将数据库连接和查询托管至外部系统（即 CMS，如 WordPress、Strapi 和 Contentful）上，以确保数据来自受信源、清除包含潜在恶意代码的用户输入内容，并在 Next.js 应用程序及其 API 之间建立安全的连接。

接下来将考查如何在客户端和服务器端集成 REST 和 GraphQL API。

4.3.1　在服务器端上获取数据

截至目前，Next.js 可通过其内建的 getStaticProps 和 getServerSideProps 函数在客户端获取数据。

由于 Next.js 无法像浏览器那样支持 JavaScript fetch API，因此在服务器上生成 HTTP 请求包含两种选择方案。

（1）使用 Node.js 的内建 http 库：无须安装任何外部依赖项即可使用该模块。虽然其 API 相对简单且制作良好，但与第三方 HTTP 客户端相比，http 库仍有所欠缺。

（2）使用 HTTP 客户端库：针对 Next.js，存在多个较好的 HTTP 客户端，使得从服务器生成 HTTP 请求变得十分简单。其中，较为常见的库包括 isomorphic-unfetch（在 Node.js 上渲染 JavaScript fetch API）、Undici（官方 Node.js HTTP 1.1 客户端）和 Axios（较为流行的 HTTP 客户端，并使用相同的 API 在客户端和服务器端运行）。

稍后将使用 Axios 生成 REST 请求，对于客户端和服务器来说，Axios 可能是最为常用的 HTTP 客户端（在 npm 上，每星期大约 17 000 000 次下载）。稍后我们将使用 Axios。

4.3.2　在服务器端上使用 REST API

当讨论 REST API 的集成时，需要将其划分为公共和私有 API。其中，公共 API 可被任何用户访问，且无须任何授权；私有 API 通常需要授权并可返回某些数据。

另外，授权方法也并不总是相同（不同的 API 可能需要不同的授权方法），具体取决于 API 开发者及其选项。例如，如果读者打算使用 Google API，则会涉及 OAuth 2.0。对于提升 API 安全，OAuth 2.0 可被视为一项业界标准且需要经过用户授权。关于 OAuth 2.0 的更多内容，读者可访问 https://developers.google.com/identity/protocols/oauth2 查看其官方 Google 文档。

其他的 API（如 Pexels API，https://www.pexels.com/api/documentation）则允许我们通过 API 密钥访问其内容。这里，API 密钥基本上是一个发送至项目中的授权令牌。

除此之外，可能还存在其他方式对请求予以授权，但 Oauth 2.0、JWT 和 API 密钥则是 Next.js 应用程序开发过程中较为常见的授权方式。

如果读者打算尝试不同的 API 和授权方法，可访问 GitHub 储存库并查看免费的 REST API 列表，对应网址为 https://github.com/public-apis/public-apis。

当前将显式地使用自定义 API：https://api.realworldnextjs.com（或者 https://api.rwnjs.com）。接下来首先创建一个 Next.js 项目。

```
npx create-next-app ssr-rest-api
```

当运行完毕 Next.js 初始化脚本后，可添加 axios 作为一个依赖项，并将其用作生成 REST 请求的 HTTP 客户端。

```
cd ssr-rest-api
yarn add axios
```

此时可方便地编辑默认的 Next.js 索引页。这里，将列出使用公共 API 并公开其用户名和个人 ID 的一些用户。在单击其中的一个用户名后，将重定向至详细页面以查看更多的用户个人信息。

下面创建一个 pages/index.js 页面布局。

```
import { useEffect } from 'react';
import Link from 'next/link';

export async function getServerSideProps() {
  // Here we will make the REST request to our APIs
}

function HomePage({ users }) {
  return (
    <ul>
      {
```

```
      users.map((user) =>
        <li key={user.id}>
          <Link
            href={`/users/${user.username}`}
            passHref
          >
            <a> {user.username} </a>
          </Link>
        </li>
      )
    }
  </ul>
  )
}

export default HomePage;
```

当尝试运行上述代码时，将会看到一项错误内容——当前尚未持有用户数据。对此，需要从内建的 getServerSideProps 中调用 REST API，并将请求结果作为 prop 传递至 HomePage 组件中。

```
import { useEffect } from 'react';
import Link from 'next/link';
import axios from 'axios';

export async function getServerSideProps() {
  const usersReq = await axios.get('https://api.rwnjs.com/04/users')
  return {
    props: {
      users: usersReq.data
    }
  }
}

function HomePage({ users }) {
  return (
    <ul>
      {
        users.map((user) =>
          <li key={user.id}>
            <Link
              href={`/users/${user.username}`}
              passHref
```

```
        >
          <a> {user.username} </a>
        </Link>
      </li>
    )
  }
  </ul>
)
}

export default HomePage;
```

运行服务器，随后访问 http://localhost:3000。此时，在浏览器上将显示如图 4.1 所示的用户列表。

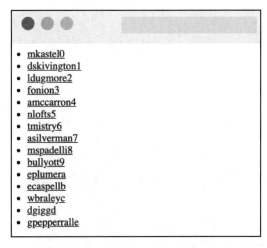

图 4.1　在浏览器上渲染的 API 结果

当我们尝试单击某个列表用户时，我们将被重定向至 404 页面上，因为尚未创建一个单页面用户。针对这一问题，可创建一个新文件 pages/users/[username].js，并调用另一个 REST API 以获取单用户数据。

为了获取单用户数据，可调用下列 URL：https://api.rwnjs.com/04/users/[username]。其中，[username]是一个路由变量，表示为希望获取数据的用户。

接下来移至 pages/users/[username].js 文件中，首先添加 getServerSideProps 函数。

```
import Link from 'next/link';
import axios from 'axios';
```

```
export async function getServerSideProps(ctx) {
  const { username } = ctx.query;
  const userReq =
    await axios.get(
      `https://api.rwnjs.com/04/users/${username}`
    );

  return {
    props: {
      user: userReq.data
    }
  };
}
```

下面在同一文件中添加 UserPage 函数，即/users/[username]路由的页面模板。

```
function UserPage({ user }) {
  return (
    <div>
      <div>
        <Link href="/" passHref>
          Back to home
        </Link>
      </div>
      <hr />
      <div style={{ display: 'flex' }}>
        <img
          src={user.profile_picture}
          alt={user.username}
          width={150}
          height={150}
        />
        <div>
          <div>
            <b>Username:</b> {user.username}
          </div>
          <div>
            <b>Full name:</b>
            {user.first_name} {user.last_name}
          </div>
          <div>
            <b>Email:</b> {user.email}
          </div>
          <div>
```

```
      <b>Company:</b> {user.company}
    </div>
    <div>
     <b>Job title:</b> {user.job_title}
    </div>
   </div>
  </div>
 </div>
 );
}

export default UserPage;
```

此外还存在一个问题：如果我们尝试渲染一个单页面用户，那么将在服务器端获得一条错误消息，因为尚未被授权获取对应 API 的数据。在本节开始处曾有所讨论，并非所有的 API 都是公共的——这是十分有意义的，因为某些时候我们想要访问私有信息，而公司和开发人员则通过将 API 的访问权限限制为授权用户以保护这些信息。

此时，在生成 API 请求时，需要传递一个有效的令牌作为 HTTP 授权头，以使服务器知晓我们已被授权访问相应的信息。

```
export async function getServerSideProps(ctx) {
 const { username } = ctx.query;
 const userReq = await axios.get(
  `https://api.rwnjs.com/04/users/${username}`,
  {
   headers: {
    authorization: process.env.API_TOKEN
   }
  }
 );

 return {
  props: {
   user: userReq.data
  }
 };
}
```

可以看到，axios 可以简化 HTTP 头与请求之间的添加操作，因为仅需传递一个对象作为其 get 方法的第 2 个参数，其中包含了一个名为 headers 的属性，该属性是一个包含所有 HTTP 头的对象，这些 HTTP 头是我们希望在请求中发送至服务器上的。

这里，对于 process.env.API_TOKEN 的含义，读者可能会有所疑问。虽然可作为头值传递一个硬编码字符串，但该操作并不是一种较好的做法，其原因如下所示。

（1）当利用 Git 或其他版本的控制系统提交代码时，访问该储存库的每个人将能够读取私有信息，如授权令牌（甚至外部合作者的信息），此处应将其视为密码予以保护。

（2）大多数时候，API 令牌将根据应用程序运行的不同阶段而变化。例如，当在本地运行应用程序时，需要利用测试令牌访问 API；当部署应用程序时，则需要使用产品令牌。取决于具体的环境，使用环境变量可简化使用不同的令牌。

（3）如果 API 令牌出于某种原因发生变化，则可针对整个应用程序使用一个共享环境文件方便地对其进行编辑，而非在每个 HTTP 请求中修改令牌值。

因此，可在项目根目录中创建一个新的.env 文件，并添加运行应用程序所需的全部信息，而不是以手动方式在文件中编写敏感信息。

 重要提示：

.env 文件包含敏感和私有信息，且不要通过任何版本的控制系统予以提交。在部署或提交代码之前，应确保将.env 文件添加至.gitignore、dockerignore 或其他类似的文件中。

下面创建并编辑一个.env 文件，并添加下列内容。

```
API_TOKEN=realworldnextjs
API_ENDPOINT=https://api.rwnjs.com
```

Next.js 包含了对.env 和.env.local 文件的内建支持功能，因此无须安装外部库访问这些环境变量。

在文件编辑完毕后，可重新启动 Next.js 服务器，并单击主页上的用户列表，从而访问用户的详细信息页面，如图 4.2 所示。

图 4.2　用户的详细信息页面

当尝试访问某个页面时，如 http://localhost:3000/users/mitch，我们将得到一条错误信息，因为目前尚不存在名为 mitch 的用户，REST API 将返回一个 404 状态码。通过将下列脚本添加至 getServerSideProps 函数中，可以方便地捕捉这一错误信息并返回 Next.js 默认的 404 页面。

```
export async function getServerSideProps(ctx) {

 const { username } = ctx.query;
 const userReq = await axios.get(
  `${process.env.API_ENDPOINT}/04/users/${username}`,
  {
   headers: {
    authorization: process.env.API_TOKEN
   }
  }
 );

 if (userReq.status === 404) {
  return {
   notFound: true
  };
 }

 return {
  props: {
   user: userReq.data
  }
 };
}
```

通过这种方式，无须其他配置，Next.js 自动将我们重定向至其默认的 404 页面上。

如前所述，通过 Next.js 的内建 getServerSideProps 函数，Next.js 可通过独占方式在服务器端获取数据。另外，也可使用 getStaticProps 函数，以表明页面将在构建期内以静态方式渲染，参见第 2 章。

稍后将考查如何仅在客户端获取数据。

4.3.3　在客户端上获取数据

客户端数据获取机制是任何动态 Web 应用程序的重要部分。虽然服务器端数据获取机制相对安全（仍需要谨慎处理），但在浏览器上获取数据则会添加额外的复杂性和漏洞。

在服务器上生成 HTTP 请求隐藏了 API 端点、参数、HTTP 头以及可能源自用户的授权令牌，但可能会暴露私有信息，恶意用户将利用这些数据进行恶意攻击。

当在浏览器上生成 HTTP 请求时，必须遵守特定的规则，如下所示。

（1）仅对受信源生成 HTTP 请求。这里，应对 API 的开发者及其安全标准有所了解。

（2）仅在基于 SSL 证书保护时调用 HTTP API。如果远程 API 在 HTTPS 下处于不安全状态，那么用户将面临多种攻击，如中间人攻击。其间，恶意用户可利用简单的代理窥探从客户端和服务器中传递的全部数据。

（3）不要从浏览器处连接远程数据库，虽然 JavaScript 访问远程数据库在技术上是可行的，这将使用户面临较高的风险——任何人都可利用漏洞并获得对数据库的访问权。

稍后将深入考查如何在客户端上使用 REST API。

4.3.4　在客户端上使用 REST API

类似于服务器端，在客户端上获取数据并不复杂。如果读者已有 React 以及其他 JavaScript 框架或库方面的使用经验，则可利用已有的知识从浏览器处生成 REST 请求，且无须任何配置。

虽然 Next.js 中服务器数据获取阶段仅出现于其内置 getServerSideProps 和 getStaticProps 函数声明时，但是，如果在给定的组件内部生成获取请求，那么在默认状态下，该请求将在客户端上被执行。

通常情况下，客户端请求应运行于如下两个场合。

（1）组件加载之后。

（2）特定的事件发生后。

在上述两种情况下，Next.js 并不会强制用户以不同方式（与 React 相比）执行这些请求。因此，基本上可利用浏览器的内建 fetch API 或 axios 这一类外部库生成 HTTP 请求。下面尝试重新创建之前的 Next.js 应用程序，并移除对客户端的全部 API 调用。

创建一个新的 Next.js 项目，并编辑 pages/index.js 文件，如下所示。

```
import { useEffect, useState } from 'react';
import Link from 'next/link';

function List({users}) {
  return (
    <ul>
      {
        users.map((user) =>
          <li key={user.id}>
            <Link
```

```
                      href={`/users/${user.username}`}
                      passHref
                    >
                      <a> {user.username} </a>
                    </Link>
                </li>
              )
            }
          </ul>
        )
      }

function Users() {

  const [loading, setLoading] = useState(true);
  const [data, setData] = useState(null);

  useEffect(async () => {

    const req = await fetch('https://api.rwnjs.com/04/users');
    const users = await req.json();

    setLoading(false);
    setData(users);

  }, []);

  return (
    <div>
      {loading &&<div>Loading users...</div>}
      {data &&<List users={data} />}
    </div>
  )
}

export default Users;
```

当前组件及其 SSR 对应组件之间的区别如下所示。

（1）服务器端生成的 HTML 包含 Loading users…文本，因为这是 HomePage 组件的初始状态。

（2）仅在 React 水合作用发生之后方可看到用户列表。我们需要等待组件在客户端上进行加载，以及利用浏览器的 fetch API 生成的 HTTP 请求。

当前，需要实现单用户页面，如下所示。

（1）创建新文件 pages/users/[username].js。首先编写 getServerSideProps 函数，并于其中获取来自路由的[username]变量，以及.env 文件中的授权令牌。

```
import { useEffect, useState } from 'react'
import Link from 'next/link';

export async function getServerSideProps({ query }) {
  const { username } = query;

  return {
    props: {
      username,
      authorization: process.env.API_TOKEN
    }
  }
}
```

（2）在同一组件中创建 UserPage 组件，并于其中执行客户端数据获取函数。

```
function UserPage({ username, authorization }) {

  const [loading, setLoading] = useState(true);
  const [data, setData] = useState(null);

  useEffect(async () => {

    const req = await fetch(
      `https://api.rwnjs.com/04/users/${username}`,
      { headers: { authorization } }
    );
    const reqData = await req.json();

    setLoading(false);
    setData(reqData);

  }, []);

  return (
    <div>
      <div>
```

```
      <Link href="/" passHref>
        Back to home
      </Link>
    </div>
    <hr />
    {loading && <div>Loading user data...</div>}
      {data && <UserData user={data} />}
  </div>
 );
}

export default UserPage;
```

可以看到，一旦采用 setData 钩子函数设置数据，就会渲染一个<UserData />组件。

（3）在同一 pages/users/[username].js 组件中创建最后一个组件。

```
function UserData({ user }) {
 return (
   <div style={{ display: 'flex' }}>
     <img
       src={user.profile_picture}
       alt={user.username}
       width={150}
       height={150}
     />
     <div>
       <div>
         <b>Username:</b> {user.username}
       </div>
       <div>
         <b>Full name:</b>
           {user.first_name} {user.last_name}
       </div>
       <div>
         <b>Email:</b> {user.email}
       </div>
       <div>
         <b>Company:</b> {user.company}
       </div>
       <div>
         <b>Job title:</b> {user.job_title}
       </div>
     </div>
```

```
  </div>
 )
}
```

不难发现，当我们采用了与主页相同的方案，并在将组件加载至客户端时生成 HTTP 请求。另外，我们还利用 getServerSideProps 将服务器中的 API_TOKEN 传递至客户端，并以此生成授权请求。然而，当尝试运行上述代码时，将会出现至少两个问题。

其中，第 1 个问题与 CORS 相关。

CORS（跨源资源共享）是一种浏览器实现的安全机制，旨在控制不同于 API 域的域请求。在 HomePage 组件中，我们从不同的域（本地主机、replit.co 域、CodeSandbox 域等）中调用了 https://api.rwnjs.com/04/users API，因为服务器允许任何域并针对特定路由访问其资源。

此时，浏览器也在 https://api.rwnjs.com/04/users/[username]端点上设置了某些限制条件，且无法从客户端直接调用该 API，因为 CORS 策略使我们处于阻塞状态。有时，CORS 颇具技巧性，关于这一安全策略的更多内容，读者可访问 Mozilla Developer Network 页面，对应网址为 https://developer.mozilla.org/en-US/docs/Web/HTTP/CORS。

第 2 个问题与向客户端公开授权令牌相关。实际上，如果打开 Google Chrome 开发者工具并访问 Network 部分，则可对端点选择相应的 HTTP 请求，并可在 Request Headers 部分查看纯文本形式的授权请求，如图 4.3 所示。

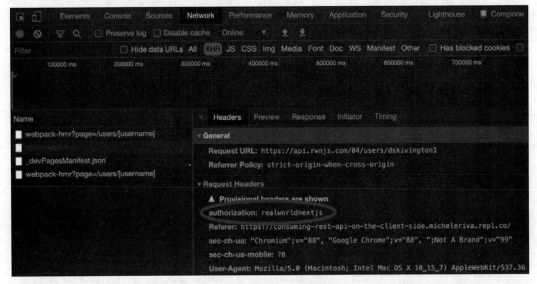

图 4.3　HTTP 请求头

那么，问题出现在哪里呢？

假设通过 API 发布实时天气更新的服务费用为，每 100 次请求的费用为 100 美元。

恶意用户可以很容易地在请求头中获取私有授权令牌，并以此支付天气 Web 应用程序的费用。通过这种方式，如果恶意用户生成 1000 次请求，那么在未使用该项服务的前提下需要为此支付 10 美元。

根据 Next.js API 页面，可快速处理上述问题。也就是说，允许我们快速创建一个 REST API，在服务器端生成所用的 HTTP 请求，并向客户端返回结果。

下面在 pages/中创建一个名为 api/的新文件夹和一个 pages/api/singleUser.js 新文件。

```
import axios from 'axios';

export default async function handler(req, res) {
  const username = req.query.username;
  const API_ENDPOINT = process.env.API_ENDPOINT;
  const API_TOKEN = process.env.API_TOKEN;

  const userReq = await axios.get(
    `${API_ENDPOINT}/04/users/${username}`,
    { headers: { authorization: API_TOKEN } }
  );

  res
    .status(200)
    .json(userReq.data);
}
```

可以看到，当前我们公开了一个简单的函数，该函数接收两个参数。

（1）req：一个 Node.js 的 http.IncomingMessage（https://nodejs.org/api/http.html#http_class_http_incomingmessage）实例，并与一些内建的中间件（如 req.cookies、req.query）和 req.body 进行合并。

（2）res：一个 Node.js 的 http.serverResponse（https://nodejs.org/api/http.html#http_class_http_serverresponse）的实例，并与一些预置中间件进行合并，如设置 HTTP 状态码的 res.status(code)，返回有效 JSON 的 res.json(json)，发送包含一个 String、一个 Object 或一个 Buffer 的 HTTP 响应结果的 res.send(body)，以及利用给定（和可选）状态码重定向至特定页面的 res.redirect([status,] path)。

pages/api/目录中的每个文件都将作为一个 API 路由被 Next.js 所查看。

下面重构 UserPage 组件，并将 API 端点修改为新创建的端点。

```
function UserPage({ username }) {

 const [loading, setLoading] = useState(true);
 const [data, setData] = useState(null);

 useEffect(async () => {
  const req = await fetch(
    `/api/singleUser?username=${username}`,
  );
  const data = await req.json();

  setLoading(false);
  setData(data);
 }, []);

 return (
  <div>
    <div>
      <Link href="/" passHref>
        Back to home
      </Link>
    </div>
    <hr />
    {loading && <div>Loading user data...</div>}
    {data && <UserData user={data} />}
  </div>
 );
}
```

当前，如果尝试运行站点，将看到之前的问题均已被解决。

需要注意的是，通过针对单用户编写一类代理，我们隐藏了 API 令牌，但恶意用户仍能够使用/api/singleUser 路由轻松地访问私有数据。

针对这一特定问题，可通过多种方式予以解决。

❏　在服务器上以独占方式渲染组件列表。通过这种方式，恶意用户无法调用私有 API 或窃取 API 令牌。然而，有些时候无法仅在服务器上运行此类 API 调用。如果需要在用户单击某个按钮之后生成 REST 请求，则需要强制在客户端生成该 请求。

❏　使用授权方法令授权用户仅访问特定的 API（JWT、API 密钥等）。

❏　采用后端框架，如 Ruby on Rails、Spring、Laravel、Nest.js 和 Strapi。这些框架均提供了基于客户端的 API 调用的安全方法，进而可方便地创建安全的 Next.js

应用程序。

第 13 章将讨论如何针对不同的 CMS 和电子商务平台并作为前端使用 Next.js，以及用户身份验证方法和安全的 API 调用。当前，本章仅关注如何在服务器和客户端生成 HTTP 请求。

稍后将考查如何将 GraphQL 用作 REST 的替代方案以获取 Next.js 中的数据。

4.3.5　使用 GraphQL API

GraphQL 可被视为 API 领域的游戏规则改变者，并因其易用性、模块化和灵活性变得十分流行。

对于不太熟悉 GraphQL 的读者来说，GraphQL 基本上可被视为一种 API 查询语言，并由 Faccebook 于 2012 年发布。与其他 Web 服务架构相比，如 REST、SOAP，GraphQL 改进了数据获取和管理机制中的许多关键因素。实际上，GraphQL 有效地避免了数据的过渡获取（简单地查询所需的数据字段）、在单一请求中获取多个资源、针对数据获取强类型和静态类型的接口，以及避免 API 版本控制等。

本节将使用 Apollo Client（https://www.apollographql.com/docs/react，这是一个十分流行的 GraphQL 客户端，并对 Reat 和 Next.js 提供了内建的支持功能）构建一个较为简单的在线签名册。

下面创建一个新项目。

```
npx create-next-app signbook
```

接下来添加一组依赖项。

```
yarn add @apollo/client graphql isomorphic-unfetch
```

当前，需要针对 Next.js 应用程序创建一个 Apollo 客户端。对此，在 lib/apollo/index.js 内部创建一个新文件，随后编写下列函数。

```
import { useMemo } from 'react';
import {
  ApolloClient,
  HttpLink,
  InMemoryCache
} from '@apollo/client';

let uri = 'https://rwnjssignbook.herokuapp.com/v1/graphql';
let apolloClient;
```

```
function createApolloClient() {
  return new ApolloClient({
    ssrMode: typeof window === 'undefined',
    link: new HttpLink({ uri }),
    cache: new InMemoryCache(),
  });
}
```

通过设置 ssrMode: typeof window === 'undefined'，将对客户端和服务器使用相同的
Apollo 实例。另外，ApolloClient 使用浏览器的 fetch API 生成 HTTP 请求，因此需要导
入代码使其在服务器端工作。此时，我们将使用 isomorphic-unfetch。

如果在浏览器上尝试运行 https://api.realworldnextjs.com/04/signbook/graphql，将会重
定向至一个公共 GraphCMS GraphQL 编辑器上。实际上，对于当前编写的应用程序来说，
我们将无头 CMS 用作数据源。

在同一 lib/apollo/index.js 文件中，添加下列新函数并初始化 Apollo 客户端。

```
export function initApollo(initialState = null) {

  const client = apolloClient || createApolloClient();

  if (initialState) {
    client.cache.restore({
      ...client.extract(),
      ...initialState
    });
  }

  if (typeof window === "undefined") {
    return client;
  }

  if (!apolloClient) {
    apolloClient = client;
  }

  return client;
}
```

该函数可避免针对每个页面重新创建新的 Apollo 客户端。实际上，我们将在服务器
上存储一个客户端实例（在之前编写的 apolloClient 变量中），在这里可作为一个参数传
递初始状态。如果将该参数传递至 initApollo，它将与本地缓存进行合并，并在移至另一

个页面时重新创建相应状态的完整表达结果。

对此，首先需要向 lib/apollo/index.js 文件中添加另一条 import 语句。就性能而言，由于重新初始化包含复杂初始状态的 Apollo 客户端将占用较大的开销，因此将采用 React 的 useMemo 钩子设置这一过程。

```
import { useMemo } from "react";
```

随后将导出最后一个函数。

```
export function useApollo(initialState) {
  return useMemo(
    () => initApollo(initialState),
    [initialState]
  );
}
```

在 pages/目录中，创建一个_app.js 文件（参见第 3 章）。此处，将利用官方的 Apollo 上下文供应商封装整个应用程序。

```
import { ApolloProvider } from "@apollo/client";
import { useApollo } from "../lib/apollo";

export default function App({ Component, pageProps }) {
  const apolloClient = useApollo(pageProps.initialApolloState);

  return (
    <ApolloProvider client={apolloClient}>
      <Component {...pageProps} />
    </ApolloProvider>
  );
}
```

下面将开始编写查询。

注意，查询将被置于 lib/apollo/queries/文件夹中。

接下来将创建一个新的文件 lib/apollo/queries/getLatestSigns.js，并公开下列 GraphQL 查询。

```
import { gql } from "@apollo/client";

const GET_LATEST_SIGNS = gql`
  query GetLatestSigns($limit: Int! = 10, $skip: Int! = 0){
    sign(
      offset: $skip,
```

```
    limit: $limit,
    order_by: { created_at: desc }
  ) {
    uuid
    created_at
    content
    nickname
    country
  }
 }
`;

export default GET_LATEST_SIGNS;
```

随后将当前查询导入 pages/index.js 文件中，并尝试利用 Apollo 和 Next.js 生成第 1 个 GraphQL 请求。

```
import { useQuery } from "@apollo/client";
import GET_LATEST_SIGNS from
  '../lib/apollo/queries/getLatestSigns'

function HomePage() {
  const { loading, data } = useQuery(GET_LATEST_SIGNS, {
    fetchPolicy: 'no-cache',
  });

  return <div></div>
}

export default HomePage
```

不难发现，Apollo 客户端使用起来十分简单。由于 useQuery 钩子，我们将访问 3 种不同的状态。

（1）loading：顾名思义，loading 仅在请求完成或未确定时返回 true 或 false。

（2）error：如果请求由于某种原因失败，我们将能够捕捉对应的错误信息，并向用户发送一条友好的消息。

（3）data：包含基于查询请求的数据。

下面返回主页上。出于简单考虑，此处仅使用一个远程 TailwindCSS 依赖项以样式化示例应用程序。第 6 章和第 7 章将考查用户和集成框架，当前仅关注应用程序的数据获取部分。

打开 pages/index.js 文件并按照下列方式进行编辑。

```
import Head from "next/head";
import { ApolloProvider } from "@apollo/client";
import { useApollo } from "../lib/apollo";

export default function App({ Component, pageProps }) {
  const apolloClient = useApollo(pageProps.initialApolloState || {});

return (
  <ApolloProvider client={apolloClient}>
    <Head>
      <link href="https://unpkg.com/tailwindcss@^2/dist/tailwind.min.css"
        rel="stylesheet"
      />
    </Head>
    <Component {...pageProps} />
  </ApolloProvider>
);
}
```

创建一个新文件 components/Loading.js，并在获取 GraphCMS 标记时对其进行渲染。

```
function Loading() {
  return (
    <div
      className="min-h-screen w-screen flex justify-center
        items-center">
      Loading signs from Hasura...
    </div>
  );
}

export default Loading;
```

一旦成功地获取了所需数据，就需要将其显示在主页上。对此，可在 components/ Sign.js 文件中创建一个新组件，并添加下列内容。

```
function Sign({ content, nickname, country }) {
  return (
    <div className="max-w-7xl rounded-md border-2 border
      purple-800 shadow-xl bg-purple-50 p-7 mb-10">
      <p className="text-gray-700"> {content} </p>
      <hr className="mt-3 mb-3 border-t-0 border-b-2 border-purple-800" />
```

```
    <div>
      <div className="text-purple-900">
        Written by <b>{nickname}</b>
        {country && <span> from {country}</span>}
      </div>
    </div>
  </div>
  );
}

export default Sign;
```

在主页中集成上述两个新组件。

```
import { useQuery } from "@apollo/client";
import GET_LATEST_SIGNS from
  '../lib/apollo/queries/getLatestSigns'
import Sign from '../components/Sign'
import Loading from '../components/Loading'

function HomePage() {
  const { loading, error, data } =
    useQuery(GET_LATEST_SIGNS, {
      fetchPolicy: 'no-cache',
    });

  if (loading) {
    return <Loading />;
  }

  return (
    <div className="flex justify-center items-center flex-col mt-20">
      <h1 className="text-3xl mb-5">Real-World Next.js signbook</h1>
      <Link href="/new-sign">
        <button className="mb-8 border-2 border-purple-800
          text-purple-900 p-2 rounded-lg text-gray-50
            m-auto mt-4">
          Add new sign
        </button>
      </Link>
      <div>
        {data.sign.map((sign) => (
```

```
        <Sign key={sign.uuid} {...sign} />
      ))}
    </div>
  </div>
  );
}

export default HomePage
```

如果尝试浏览主页，将会看到一个标记列表。

此外，还可在 pages/new-sign.js 下创建一个新页面，进而生成一个简单的路由以添加新的标记。下面针对该页面添加所需的 import 语句。

```
import { useState } from "react";
import Link from "next/link";
import { useRouter } from "next/router";
import { useMutation } from "@apollo/client";
import ADD_SIGN from "../lib/apollo/queries/addSign";
```

可以看到，我们从不同的库中导入了多个函数。其间，我们将使用 useState React 钩子负责跟踪提交标记时表单中的变化内容；一旦创建了新标记，Next.js 的 useRouter 钩子就会将用户重定向至主页上；Apollo 的 useMutation 钩子则用于在 GraphCMS 上创建一个新标记。除此之外，还导入了一个名为 ADD_SIGN 的新的 GraphQL 突变，在创建完完全页面后将对此加以讨论。

接下来创建页面结构。

```
function NewSign() {
  const router = useRouter();
  const [formState, setFormState] = useState({});
  const [addSign] = useMutation(ADD_SIGN, {
    onCompleted() {
      router.push("/");
    }
  });

  const handleInput = ({ e, name }) => {
    setFormState({
      ...formState,
      [name]: e.target.value
    });
  };
}
```

```
export default NewSign;
```

其中，我们使用了 Apollo 的 useMutation 钩子创建新标记。一旦标记被正确地创建完毕，就会运行 onCompleted 回调。其间，用户将重定向至主页上。

在组件主题声明的下一个函数中可清楚地看到，一旦用户在表单中输入了内容，我们就使用 handleInput 函数并以动态方式设置表单状态。当前，仅需利用 3 个输入项渲染包含一个表单内容的真实的 HTML 内容，即用户的 nickname、在 signbook 中编写的一条消息，以及用户的位置 country（可选）。

```
return (
  <div className="flex justify-center items-center flex- Col mt-20">
    <h1 className="text-3xl mb-10">Sign the Real-World
     Next.js signbook!</h1>
    <div className="max-w-7xl shadow-xl bg-purple-50 p-7
     mb-10 grid grid-rows-1 gap-4 rounded-md border-2
      border- purple-800">
    <div>
      <label htmlFor="nickname" className="text-purple-900 mb-2">
       Nickname
      </label>
      <input
        id="nickname"
        type="text"
        onChange={(e) => handleInput({ e, name: 'nickname' })}
        placeholder="Your name"
        className="p-2 rounded-lg w-full"
      />
    </div>
    <div>
      <label htmlFor="content" className="text-purple-900 mb-2">
       Leave a message!
      </label>
      <textarea
        id="content"
        placeholder="Leave a message here!"
        onChange={(e) => handleInput({ e, name: 'content' })}
        className="p-2 rounded-lg w-full"
      />
    </div>
    <div>
      <label htmlFor="country" className="text-purple-900 mb-2">
```

```
        If you want, write your country name and its emoji flag
      </label>
      <input
      id="country"
      type="text"
      onChange={(e) => handleInput({ e, name: 'country' })}
      placeholder="Country"
      className="p-2 rounded-lg w-full"
    />

      <button
        className="bg-purple-600 p-4 rounded-lg text-
          gray-50 m-auto mt-4"
        onClick={() => addSign({ variables: formState })}>
        Submit
      </button>
    </div>
  </div>
  <Link href="/" passHref>
    <a className="mt-5 underline"> Back to the
    homepage</a>
    </Link>
  </div>
 );
)
```

下面考查如何通过单击提交按钮创建一个突变。

```
onClick={() => addSign({ variables: formState})}
```

可以看到，我们使用了源自 useState 钩子的、存储至 formState 变量中的整个状态，并将其作为一个值传递至 addSign 函数使用的 variables 属性中。

```
const [addSign] = useMutation(ADD_SIGN, {
  onCompleted() {
    router.push("/");
  }
});
```

addSign 函数表示突变，并将新标记添加至 GraphCMS 中，通过传递一个匹配于突变变量（该变量记于 lib/apollo/queries/addSign.js 文件中）的对象，还可以动态方式添加数据。

```
import { gql } from "@apollo/client";
```

```
const ADD_SIGN = gql`
 mutation InsertNewSign(
   $nickname: String!,
   $content: String!,
   $country: String
   ) {
   insert_sign(objects: {
      nickname: $nickname,
      country: $country,
      content: $content
   }) {
    returning {
     uuid
    }
   }
 }
`;

export default ADD_SIGN;
```

实际上，ADD_SIGN 函数使用了 3 个参数变量，即$nickname、$content 和$country。当使用反映突变变量名称的表单字段名时，可将表单整体状态作为一个值简单地传递至突变中。

当前，可尝试创建一个新标记。在提交表单后，将自动重定向至主页上，并可在该页面上方看到相应的标记。

4.4　本 章 小 结

本章介绍了与 Next.js 相关的两种重要话题，即项目结构组织和不同的数据获取方式。即使这两个话题看起来毫不相关，但能够从逻辑上分离组件和实用工具，并且将以不同的方式获取数据视为一项重要的技能，这项技能可以帮助我们较好地理解第 5 章中的内容。当加入更多的特性、bug 修复等时，任何应用程序的复杂度均会随之增长。具有良好组织的文件夹结构和清晰的数据流可帮助我们跟踪应用程序的状态。

除此之外，本章还考查了如何利用 GraphQL 获取数据，这是一个令人激动的话题。第 5 章将考查如何使用 Apollo Client 作为状态管理器，而非 GraphQL 客户端。

第 5 章　在 Next.js 中管理本地和全局状态

状态管理是 React 应用程序（同时也包含 Next.js 应用程序）的核心内容之一。当谈及状态时，一般是指动态的信息片段，它们允许我们创建具有高度交互性的用户界面（UI），进而提升用户体验。

对于现代网站，可将状态变化置于 UI 的多个部分中：深、浅主题的切换意味着 UI 主题状态的变化；利用产品信息填写电子商务表单则意味着改变表单状态，甚至单击一个简单的按钮都可潜在地改变一个本地状态，因为这将导致 UI 以多种方式予以响应（取决于开发人员如何管理状态更新）。

虽然状态管理可在应用程序中创建交互行为，但这也涵盖了一定的复杂度。开发人员一般采用不同的方案管理状态，并以更加直观和有组织的方式管理应用程序状态。

针对 React，自 React 库的第 1 个版本起，即可访问类组件（类保持本地状态），并通过 setState 方法与其进行交互。对于更新的 React 版本（>16.8.0），这一处理过程由于 React Hook 的引入而变得简单，包括 useState Hook。

在 React 应用程序中，状态管理的难点在于，数据流是单向的。这意味着，可将一个给定状态作为一个 prop 传递至子组件中，但无法对父组件执行相同的操作。也就是说，由于类组件和 Hook 的存在，本地状态管理较为简单，但全局状态管理可能会变得较为复杂。

本章将考查两种不同的方法以管理全局应用程序状态。首先将讨论如何使用 React Context API，并随后利用 Redux 重写应用程序，进而理解如何在客户端和服务器端初始化状态管理的外部库。

本章主要包含下列主题。

❑　本地状态管理。

❑　通过 Context API 管理应用程序状态。

❑　通过 Redux 管理应用程序状态。

在阅读完本章后，读者将了解本地和全局状态管理之间的差别。此外，我们还将介绍如何利用 React 内建的 Context API 或外部库（如 Redux）管理全局应用程序状态。

5.1　技　术　需　求

当运行本章中的示例代码时，需要在本地机器上安装 Node.js 和 npm。如果读者愿意的话，可使用在线 IDE，如 https://repl.it 或 https://codesandbox.io。二者均支持 Next.js，且无须在计算机上安装任何依赖项。

另外，读者还可访问 GitHub 储存库查看本章代码库，对应网址为 https://github.com/PacktPublishing/Real-World-Next.js。

5.2   本地状态管理

当谈及本地状态管理时，一般是指组件范围内的应用程序状态。对此，可通过一个 Counter 组件来总结这一概念。

```
import React, { useState } from "react";

function Counter({ initialCount = 0 }) {
  const [count, setCount] = useState(initialCount);

  return (
    <div>
      <b>Count is: {count}</b><br />
      <button onClick={() => setCount(count + 1)}>
        Increment +
      </button>
      <button onClick={() => setCount(count - 1)}>
        Decrement -
      </button>
    </div>
  )
}

export default Counter;
```

当单击 Increment 按钮时，将当前 count 值加 1；相反，当单击 Decrement 按钮时，将 count 值减 1。

虽然父组件传递一个 initialCount 值（针对 Counter 元素）作为一个 prop 是较为简单的，但执行反向操作则较为困难，即向父组件中传递当前 count 值。相应地，存在多种场合需要管理本地状态，其中，React useState Hook 可被视为较好的方式。相关场合包含但不仅限于以下场景。

❑   原子组件。第 4 章曾有所介绍，原子是 React 中最基本的组成部分，一般仅管理本地状态。相比之下，更复杂的状态可在多数时候被托管至 molecule 或

organism 中。

❑ 加载状态。当在客户端获取外部数据时，一般会遇到既没有数据也没有错误这一类情况，因为我们仍在等待 HTTP 请求完成。对此，可将加载状态设置为 true 处理这一类问题，直至获取请求完成，进而在 UI 上显示一个加载下拉列表。

React Hook（如 useState 和 useReducer）可简化本地状态管理过程，大多数时候，一般不需要任何外部库对其进行处理。

当需要在全部组件间维护全局应用程序状态时，情况则有所变化。典型的例子是电子商务站点。其间，一旦向购物车中加入了一件商品，就可能需要通过单击导航栏中的图标显示所购买的商品数量。

接下来将讨论这一较为特殊的示例。

5.3　全局状态管理

当谈及全局应用程序状态时，一般是指 Web 应用程序的全部组件之间的共享状态，因而可被任何组件访问和修改。

如前所述，React 数据流是单向的，这意味着组件可将数据传递至其子组件中，但无法传递至其父组件（这一点与 Vue 和 Angular 不同）中。这也使得组件更少出错、易于调试且更具高效性，但也增加了额外的复杂性：默认状态下，不存在全局状态。

考查如图 5.1 所示的场景。

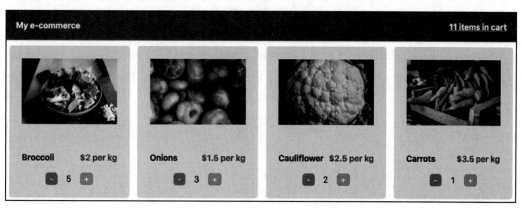

图 5.1　商品卡片和购物车中商品之间的链接

在图 5.1 所示的 Web 应用程序中，我们打算展示多件产品，以使用户将其置入购物车中。这里，最大的问题是，导航栏和商品卡片中显示的数据之间缺少应有的链接，一旦用户单击给定产品的"add"按钮，就可以更新购物车中的产品数量。如果打算在页面更改时保留这些信息，情况又当如何？一旦商品卡片组件卸载了其本地状态，那么商品就会处于丢失状态。

当今，许多库简化了此类情形的管理方式，Redux、Recoil 和 MobX 是其中较为流行的解决方案。实际上，随着 React Hook 的引入，可采用 Context API 管理全局应用程序状态，且无须使用外部库。另外，Apollo Client（及其内存缓存）也值得我们考虑。这将改变我们对状态的认知方式，同时还提供了正式的查询语言与全局应用程序数据进行交互。对此，感兴趣的读者可阅读 Apollo GraphQL 的官方教程，对应网址为 https://www.apollographql.com/docs/react/local-state/local-state-management。

稍后将构建一个小型的商店示例。当用户向购物车中添加一件或多件商品时，我们将更新导航栏中的商品计数。当用户打算结账时，我们将在结账页面上显示所选的商品。

5.3.1　使用 Context API

自 2018 年发布 React v16.3.0 以来，最终我们可以访问稳定的 Context API，并以一种直接的方式共享给定上下文中的所有组件，且无须显式地通过 prop 在组件（甚至是子组件至父组件）间对其进行传递，关于 React Context 的更多内容，建议读者阅读 React 的官方文档，对应网址为 https://reactjs.org/docs/context.html。

本节将使用相同的样本代码以及不同的库实现全局状态管理，读者可访问 https://github.com/PacktPublishing/Real-World-Next.js/tree/main/05-state-management-made-easy/boilerplate 查看该样板代码。

除此之外，出于简单考虑，我们还将采用相同的方法将所选产品存储至全局状态中。每个属性表示为商品的 ID，其值则表示用户所选的商品数量。当打开 data/items.js 文件后，将会看到一个表示商品的对象数组。如果用户选择了 4 根胡萝卜和两根洋葱，对应的状态如下所示。

```
{
  "8321-k532": 4,
  "9126-b921": 2
}
```

下面创建购物车的上下文。对此，可创建一个新文件 components/context/cartContext.js。

```
import { createContext } from 'react';

const ShoppingCartContext = createContext({
  items: {},
```

```
  setItems: () => null,
});

export default ShoppingCartContext;
```

　　类似于典型的客户端渲染的 React 应用程序，我们将共享购物车数据所需的全部组件封装至同一上下文中。例如，/components/Navbar.js 组件需要在与/components/ProductCard.js 组件相同的上下文中被加载。

　　此外还应考虑到，当更改页面时，全局变量应保持持久化状态，因为我们希望在结账页面上显示用户所选的导航品数量。也就是说，可自定义/pages/_app.js 页面（参见第 3 章），并将整个应用程序封装在同一 React 上下文中。

```
import { useState } from 'react';
import Head from 'next/head';
import CartContext from
  '../components/context/cartContext';
import Navbar from '../components/Navbar';

function MyApp({ Component, pageProps }) {
  const [items, setItems] = useState({});

  return (
    <>
      <Head>
        link
href="https://unpkg.com/tailwindcss@^2/dist/tailwind.min.css"
          rel="stylesheet"
      />
      </Head>
      <CartContext.Provider value={{ items, setItems }}>
        <Navbar />
        <div className="w-9/12 m-auto pt-10">
          <Component {...pageProps} />
        </div>
      </CartContext.Provider>
    </>
  );
}

export default MyApp;
```

　　可以看到，我们在同一上下文中封装了<Navbar />和<Component {...pageProps} />。通

过这种方式，即可访问同一个全局状态，同时创建在每个页面和导航栏上渲染的全部组件间的一个链接。

下面快速查看/pages/index.js 页面。

```
import ProductCard from '../components/ProductCard';
import products from '../data/items';

function Home() {
  return (
    <div className="grid grid-cols-4 gap-4">
      {products.map((product) => (
        <ProductCard key={product.id} {...product} />
      ))}
    </div>
  );
}

export default Home;
```

为了进一步简化，我们导入了源自本地 JavaScript 文件中的全部商品，当然，它们也可源自一个远程 API。针对每件商品，将渲染 ProductCard 组件，这使得用户可向购物车中添加商品，并随后处理结账问题。

接下来考查 ProductCard 组件。

```
function ProductCard({ id, name, price, picture }) {
  return (
    <div className="bg-gray-200 p-6 rounded-md">
    <div className="relative 100% h-40 m-auto">
      <img src={picture} alt={name} className="object-cover" />
    </div>
    <div className="flex justify-between mt-4">
    <div className="font-bold text-l"> {name} </div>
    <div className="font-bold text-l text-gray-500"> ${price}
      per kg </div>
    </div>
    <div className="flex justify-between mt-4 w-2/4 m-auto">
      <button
      className="pl-2 pr-2 bg-red-400 text-white rounded-md"
      disabled={false /* To be implemented */}
      onClick={() => {} /* To be implemented */}>
        -
      </button>
```

```
   <div>{/* To be implemented */}</div>
     <button
     className="pl-2 pr-2 bg-green-400 text-white rounded-md"
     onClick={() => {} /* To be implemented */}>
       +
     </button>
</div>
</div>
  );
}

export default ProductCard;
```

不难发现，我们已对对应的组件构建了 UI，但是，当单击 increment 和 decrement 按钮时不会执行任何操作。当前，需要将组件链接至 cartContext 上下文中；随后，一旦用户单击这两个之一，就会更新上下文状态。

```
import { useContext } from 'react';
import cartContext from '../components/context/cartContext';

function ProductCard({ id, name, price, picture }) {
const { setItems, items } = useContext(cartContext);

// ...
```

当使用 useContext 时，我们将_app.js 页面中的 setItems 和 items 链接至 ProductCard 组件上。每次调用该组件的 setItems 时，将更新全局 items 对象，所产生的变化将被传播至同一上下文下的所有组件中，并链接至相同的全局状态。这意味着，无须保留每个 ProductCard 组件的本地状态，因为添加至购物车中的单个商品数量信息已存在于上下文状态中。因此，如果打算了解添加至购物车中的商品数量，可执行下列操作。

```
import { useContext } from 'react';
import cartContext from '../components/context/cartContext';

function ProductCard({ id, name, price, picture })
  const { setItems, items } = useContext(cartContext);
  const productAmount = id in items ? items[id] : 0;

// ...
```

通过这种方式，每次用户单击给定产品的 increment 按钮时，全局状态 items 将发生变化，ProductCard 组件将被再次渲染，而 productAmount 常量则包含一个新值。

　　对于 increment 和 decrement 动作，需要控制这些按钮上的用户单击行为。对此，可编写一个通用的 handleAmount 函数，该函数接收一个参数，即"increment"或"decrement"。如果所传递的参数为"increment"，则需要查看当前商品是否已存在于全局状态中（记住，初始全局状态为空对象）。如果存在，仅需将对应值加 1；否则，需要在 items 对象中创建一个新属性。其中，键为商品 ID，其值将被设置为 1。

　　如果参数为"decrement"，则应检查当前商品是否已存在于全局 items 对象中。如果已存在且对应值大于 0，则可递增该值。对于其他情况，仅需退出当前函数即可，因为商品数量不可为负数。

```
import { useContext } from 'react';
import cartContext from '../components/context/cartContext';

function ProductCard({ id, name, price, picture }) {
  const { setItems, items } = useContext(cartContext);
  const productAmount = items?.[id] ?? 0;

  const handleAmount = (action) => {
    if (action === 'increment') {
      const newItemAmount = id in items ? items[id] + 1 : 1;
      setItems({ ...items, [id]: newItemAmount });
    }

    if (action === 'decrement') {
      if (items?.[id] > 0) {
        setItems({ ...items, [id]: items[id] - 1 });
      }
    }
  };

// ...
```

当前仅需更新 increment 和 decrement 按钮以触发 handleAmount 单击函数。

```
<div className="flex justify-between mt-4 w-2/4 m-auto">
<button
  className="pl-2 pr-2 bg-red-400 text-white rounded-md"
  disabled={productAmount === 0}
  onClick={() => handleAmount('decrement')}>
  -
</button>
  <div>{productAmount}</div>
```

```
<button
  className="pl-2 pr-2 bg-green-400 text-white rounded-md"
  onClick={() => handleAmount('increment')}>
    +
</button>
</div>
```

当尝试递增或递减商品数量时，我们将查看每个按钮被单击后 ProductCard 组件中数字的变化。但查看导航栏时，对应值将保持设置为 0——因为尚未将全局 items 状态链接至 Navbar 组件。接下来打开/components/Navbar.js 文件并输入下列内容。

```
import { useContext } from 'react';
import Link from 'next/link';
import cartContext from '../components/context/cartContext';

function Navbar() {
  const { items } = useContext(cartContext);
// ...
```

由于无须更新导航栏中的全局 items 状态，因此不必声明 setItems 函数。在该组件中，我们仅希望显示添加至购物车中的全部商品数量（例如，如果添加了两根胡萝卜和一根洋葱，那么 Navbar 中的全部值为 3）。

```
import { useContext } from 'react';
import Link from 'next/link';
import cartContext from '../components/context/cartContext';

function Navbar() {
  const { items } = useContext(cartContext);
  const totalItemsAmount = Object.values(items)
    .reduce((x, y) => x + y, 0);

// ...
```

下面显示最终 HTML 中的 totalItemsAmount 变量。

```
// ...

<div className="font-bold underline">
  <Link href="/cart" passHref>
    <a>{totalItemsAmount} items in cart</a>
  </Link>
</div>
```

```
// ...
```

最后一项是单击至结账页面的 Navbar 链接，此时，我们无法在该页面上看到任何商品。对此，可修复/pages/cart.js 页面，如下所示。

```
import { useContext } from 'react';
import cartContext from '../components/context/cartContext';
import data from '../data/items';

function Cart() {
  const { items } = useContext(cartContext);
// ...
```

可以看到，我们像往常一样导入了上下文对象和完整的商品列表，因为需要获取完整的商品信息（在对应状态中，仅包含商品 ID 和商品数量之间的关系），以显示对应产品的商品名、数量和商品的全部价格。随后，还需要一种方式获取给定 ID 的商品对象。对此，可编写一个 getFullItem 函数（在组件外部），该函数接收一个 ID 并返回整个商品对象。

```
import { useContext } from 'react';
import cartContext from '../components/context/cartContext';
import data from '../data/items';

function getFullItem(id) {
  const idx = data.findIndex((item) => item.id === id);
  return data[idx];
}

function Cart() {
  const { items } = useContext(cartContext);

// ...
```

当前，可访问完整的商品对象，并获取购物车内全部商品的整体价格。

```
// ...

function Cart() {
  const { items } = useContext(cartContext);
  const total = Object.keys(items)
    .map((id) => getFullItem(id).price * items[id])
    .reduce((x, y) => x + y, 0);
```

```
// ...
```

此外，还需要以 x2 Carrots ($7)格式显示购物车内的商品列表。对此，可方便地创建一个名为 amounts 的新数组，并利用添加至购物车中的所有商品，以及每件商品的数量填充该数组。

```
// ...

function Cart() {
  const { items } = useContext(cartContext);
  const total = Object.keys(items)
    .map((id) => getFullItem(id).price * items[id])
    .reduce((x, y) => x + y, 0);

  const amounts = Object.keys(items).map((id) => {
    const item = getFullItem(id);
    return { item, amount: items[id] };
  });

// ...
```

当前，仅需更新组件的返回模板。

```
// ...

<div>
<h1 className="text-xl font-bold"> Total: ${total} </h1>
<div>
  {amounts.map(({ item, amount }) => (
    <div key={item.id}>
      x{amount} {item.name} (${amount *
        item.price})
</div>
  ))}
</div>
</div>

// ...
```

在启动服务器后，可向购物车中添加多件商品，随后访问/cart 页面查看全部价格。

在 Next.js 中使用上下文 API 并不困难，其概念与 vanilla React 应用程序保持一致。稍后将考查如何将 Redux 用作全局状态管理器并实现相同的结果。

5.3.2　使用 Redux

在 2015 年（React 发布后的两年），当时没有像今天这样多的框架和库可处理大规模的应用程序状态。其中，Flux 是处理单向数据流的最佳方案。随着时间的推移，它们已被 Redux 和 MobX 等库所取代。

特别地，Redux 对 React 社区影响较大，并迅速成为实际上的状态管理器，进而在 React 中构建大规模的应用程序。

本节将采用 Redux（不包含 redux-thunk 和 redux-saga 这一类中间件），以管理商店的状态，而非 React Context API。

下面首先克隆 https://github.com/PacktPublishing/Real-World-Next.js/tree/main/05-managinglocal-and-global-states-in-nextjs/boilerplate 中的样板代码（就像在 5.3.1 节所做的那样）。

此时需要安装两个新的依赖项。

```
yarn add redux react-redux
```

此外还需要安装 Redux DevTools extension，以在浏览器中查看和调试应用程序状态。

```
yarn add -D redux-devtools-extension
```

接下来开始编写 Next.js + Redux 应用程序，这是包含应用程序状态的应用程序的一部分内容。对此，可在项目的根文件夹中创建一个新文件夹 redux/，并于其中编写一个名为 store.js 的新文件，该文件包含客户端和服务器端上存储的初始化逻辑。

```javascript
import { useMemo } from 'react';
import { createStore, applyMiddleware } from 'redux';
import { composeWithDevTools } from 'redux-devtools-extension';

let store;

const initialState = {};

// ...
```

可以看到，首先实例化一个新变量 store，该变量用于稍后保存 Redux 存储。

随后针对 Redux 存储初始化 initialState。此时，这将是一个空对象，取决于用户在商店中所选商品，我们还将添加更多的属性。

接下来创建第一个同时也是唯一一个 reducer。在真实的应用程序中，可在多个不同的文件中编写不同的 reducer，以使项目维护更具可管理性。此处将编写唯一一个 reducer

（因为仅需要一个 reducer）。出于简单考虑，这里将其包含在 store.js 文件中。

```
//...

const reducer = (state = initialState, action) => {
  const itemID = action.id;

  switch (action.type) {
    case 'INCREMENT':
      const newItemAmount = itemID in state ?
        state[itemID] + 1 : 1;
      return {
        ...state,
        [itemID]: newItemAmount,
      };
    case 'DECREMENT':
      if (state?.[itemID] > 0) {
      return {
        ...state,
        [itemID]: state[itemID] - 1,
        };
      }
      return state;
    default:
      return state;
  }
};
```

reducer 的逻辑与之前为 ProductCard 组件编写的 handleAmount 函数中的逻辑没有什么不同。

下面需要初始化存储，对此我们创建两个不同的函数。其中，第 1 个函数是一个简单的名为 initStore 的帮助函数，用于简化后续事物操作。

```
// ...

function initStore(preloadedState = initialState) {
  return createStore(
    reducer,
    preloadedState,
    composeWithDevTools(applyMiddleware())
  );
}
```

第 2 个函数用于正确初始化存储，我们将该函数命名为 initializeStore。

```
// ...

export const initializeStore = (preloadedState) => {
 let _store = store ?? initStore(preloadedState);

 if (preloadedState && store) {
   _store = initStore({
    ...store.getState(),
    ...preloadedState,
   });
   store = undefined;
 }

 //Return '_store' when initializing Redux on the server-side
 if (typeof window === 'undefined') return _store;
 if (!store) store = _store;

 return _store;
};
```

在设置完毕存储后，即可创建最后一个函数。在当前组件中，我们将使用一个 Hook，并将其封装至 useMemo 函数中以使用 React 内建的记忆系统，进而缓存复杂的初始状态，同时避免系统在每次调用 useStore 时对其进行重复解析。

```
// ...

export function useStore(initialState) {
 return useMemo(
    () => initializeStore(initialState), [initialState]
 );
}
```

下面准备将 Redux 绑定至 Next.js 应用程序上。

与处理 Context API 时类似，此处需要编辑_app.js 文件，以便 Redux 针对 Next.js 应用程序中的每个组件全局可用。

```
import Head from 'next/head';
import { Provider } from 'react-redux';
import { useStore } from '../redux/store';
import Navbar from '../components/Navbar';
```

```
function MyApp({ Component, pageProps }) {
  const store = useStore(pageProps.initialReduxState);
  return (
  <>
<Head>
  <link href="https://unpkg.com/tailwindcss@^2/dist/tailwind.
    min.css" rel="stylesheet" />
</Head>
  <Provider store={store}>
<Navbar />
  <div className="w-9/12 m-auto pt-10">
    <Component {...pageProps} />
  </div>
  </Provider>
</>
  );
}

export default MyApp;
```

比较 _app.js 文件将能看到一些相似性。不难发现，两种实现看上去十分相似，Context API 使全局管理状态更易访问，而 Redux 在塑造这些 API 时所产生的影响是显而易见的。

接下来需要利用 Redux 并针对 ProductCard 实现 increment/decrement 逻辑。首先打开 components/ProductCard.js 文件并添加下列 import 语句。

```
import { useDispatch, useSelector, shallowEqual } from 'react-redux';

// ...
```

创建 Hook，并在获取 Redux 存储中的全部商品时使用。

```
import { useDispatch, useSelector, shallowEqual } from 'react-redux';

function useGlobalItems() {
  return useSelector((state) => state, shallowEqual);
}

// ...
```

在同一文件中，通过集成所需的 Redux Hook 编辑 ProductCard 组件。

```
// ...

function ProductCard({ id, name, price, picture }) {
```

```
const dispatch = useDispatch();
const items = useGlobalItems();
const productAmount = items?.[id] ?? 0;

return (

// ...
```

最后，当用户单击组件按钮之一时触发一个分发操作。由于之前导入了 useDispatch Hook，该操作则易于实现。具体来说，需要针对渲染函数中的 HTML 按钮更新 onCLick 回调。

```
// ...

<div className="flex justify-between mt-4 w-2/4 m-auto">
  <button
    className="pl-2 pr-2 bg-red-400 text-white rounded-md"
    disabled={productAmount === 0}
    onClick={() => dispatch({ type: 'DECREMENT', id })}>
    -
  </button>
<div>{productAmount}</div>
  <button
    className="pl-2 pr-2 bg-green-400 text-white rounded-md"
    onClick={() => dispatch({ type: 'INCREMENT', id })}>
    +
  </button>
</div>

// ...
```

假设需要为浏览器安装 Redux DevTools 扩展。此时，可递减或递增商品数量，并查看对应动作，因为这将在调试工具内直接分发。

顺便提及，当从购物车中移除或添加一件商品时，仍需要更新导航栏。对此，可像 ProductCard 组件那样，编辑 components/NavBar.js 组件。

```
import Link from 'next/link';
import { useSelector, shallowEqual } from 'react-redux';

function useGlobalItems() {
  return useSelector((state) => state, shallowEqual);
}
```

```
function Navbar() {
  const items = useGlobalItems();
  const totalItemsAmount = Object.keys(items)
    .map((key) => items[key])
    .reduce((x, y) => x + y, 0);

  return (
    <div className="w-full bg-purple-600 p-4 text-white">
      <div className="w-9/12 m-auto flex justify-between">
      <div className="font-bold">
        <Link href="/" passHref>
          <a> My e-commerce </a>
        </Link>
      </div>
      <div className="font-bold underline">
        <Link href="/cart" passHref>
          <a>{totalItemsAmount} items in cart</a>
        </Link>
      </div>
      </div>
    </div>
  );
}

export default Navbar;
```

当前，可从商店中添加或移除商品，并查看导航栏中所反映的状态变化。

我们可以考虑在电子商务应用程序完成之前的最后一件事情：还需要更新/cart 页面以便查看购物车的总量，随后将移至结账页面。这一过程较为简单，可利用 Context API 整合之前内容以及 Redux Hook 方面的知识。对此，打开 pages/Cart.js 文件，导入其他组件使用的相同的 Redux Hook。

```
import { useSelector, shallowEqual } from 'react-redux';
import data from '../data/items';

function useGlobalItems() {
  return useSelector((state) => state, shallowEqual);
}

// ...
```

此时，可复制仅对 Context API 生成的 getFullItem 函数，如下所示。

```
// ...

function getFullItem(id) {
  const idx = data.findIndex((item) => item.id === id);
  return data[idx];
}

// ...
```

同样，可对 Cart 组件执行相同的操作。其中，items 对象源自 Redux 而非 React 上下文。

```
function Cart() {
  const items = useGlobalItems();
  const total = Object.keys(items)
    .map((id) => getFullItem(id).price * items[id])
    .reduce((x, y) => x + y, 0);

  const amounts = Object.keys(items).map((id) => {
    const item = getFullItem(id);
    return { item, amount: items[id] };
  });

  return (
    <div>
      <h1 className="text-xl font-bold"> Total: ${total}
      </h1>
    <div>
        {amounts.map(({ item, amount }) => (
          <div key={item.id}>
            x{amount} {item.name} (${amount * item.price})
    </div>
        )))}
    </div>
    </div>
  );
}

export default Cart;
```

当尝试向购物车中添加一组商品并移至/cart 页面中后，将会看到最终的支出费用。
可以看到，Context API 和 Redux（不使用任何中间件）之间存在诸多差异。当采用

Redux 时，将可访问大量的插件、中间件和调试工具等生态环境。当需要在 Web 应用程序中扩展和处理复杂的业务逻辑时，这将大大地提升开发人员的操作体验。

5.4　本　章　小　结

本章主要基于 React 内建 API（Context API 和 Hook）和外部库（Redux）的状态管理。除此之外，还存在其他工具和库可管理应用程序的全局状态（MobX、Recoil、XState、Unistore 等）。与 Redux 类似，通过在客户端和服务器端应用中对其进行初始化，我们即可在 Next.js 应用程序中对其加以使用。

另外，还可使用 Apollo GraphQL 及其内建内存缓存管理应用程序状态、访问正式的查询语言以突变或查询全局数据。

当前，通过相关库，我们可创建更加复杂的交互式 Web 应用程序，并管理不同种类的状态。

一旦数据经过良好组织并准备投入使用，就需要根据应用程序状态显示数据和渲染应用程序 UI。第 6 章将通过配置和使用不同的 CSS 和 JavaScript 库查看如何样式化 Web 应用程序。

第6章 CSS 和内建样式化方法

关于良好的 UI，一些人关注于特性，另一些人则更偏向于交互速度。个人认为，良好的 UI 应包含优秀的设计和易用性。如果 UI 未经较好地设计和实现，那么用户操作将举步维艰。因此，本章将介绍一些样式化方面的概念。

CSS 是一组规则，该规则通知浏览器如何以图形方式渲染 HTML 内容。这听起来像是一项较为简单的任务，但近些年来，CSS 生态圈涉及大量内容，因此也涌现出了许多工具帮助开发人员构建基于模块化、轻量级和高性能 CSS 规则的用户界面。

本章将考查编写 CSS 规则的多种方案，这将为第 7 章中的内容打下坚实的基础。在第 7 章中，我们将利用外部 UI 框架和实用工具实现 UI，进而提升开发人员的操作体验。

ℹ️ **注意：**

本章并不打算采用特定的技术和语言编写 CSS 规则。相反，我们将考查 Next.js 集成技术，进而编写模块化、可维护的、高性能的 CSS 样式。在进一步实现 UI 之前，感兴趣的读者可阅读其官方文档。

本章主要包含下列主题。
- ❑ Styled JSX。
- ❑ CSS 模块。
- ❑ 如何集成 SASS 预处理器。

在阅读完本章内容后，读者将能够掌握 3 种不同的内建样式化方法及其差别，以及如何根据需要配置这些方法。

6.1 技 术 需 求

当运行本章的示例代码时，需要在本地机器上安装 Node.js 和 npm。

如果愿意的话，读者还可使用在线 IDE，如 https://repl.it 或 https://codesandbox.io，二者均支持 Next.js 且无须在计算机上安装任何依赖项。另外，读者还可访问 GitHub 存储库查看代码库，对应网址为 https://github.com/PacktPublishing/Real-World-Next.js。

6.2　考查和使用 Styled JSX

本节将考查 Styled JSX，即默认状态下 Next.js 提供的内建样式化机制。

如果读者不打算学习新的样式化语言，如 SASS 或 LESS，并需要将 JavaScript 集成至 CSS 规则中，那么可侧重于 Styled JSX。Styled JSX 是一个 Vercel 创建的 CSS-in-JS 库（即可采用 JavaScript 编写 CSS 属性），进而可编写特定组件范围内的 CSS 规则和类。

接下来将通过一些简单的示例解释相关概念。假设持有一个 Button 组件，且需要通过 Styled JSX 对其样式化。

```
export default function Button(props) {
  return (
    <>
      <button className="button">{props.children}</button>
      <style jsx>{`
        .button {
          padding: 1em;
          border-radius: 1em;
          border: none;
          background: green;
          color: white;
        }
      `}</style>
    </>
  );
}
```

可以看到，这里使用了一个较为通用的 button 类名，注意，使用相同的类名将会引发与其他组件间的冲突。但这里的答案是否定的，同时这也是 Styled JSX 的用武之地。由于 JavaScript 的存在，Styled JSX 不仅可编写高动态 CSS，还可确保声明的规则不会影响其他组件（除正在编写的之外）。

因此，如果我们现在想创建一个名为 FancyButton 的新组件，则可使用相同的类名，并借助于 Styled JSX，当二者在页面上被渲染时，它不会覆写 Button 组件样式。

```
export default function FancyButton(props) {
  return (
    <>
      <button className="button">{props.children}</button>
      <style jsx>{`
        .button {
```

```
        padding: 2em;
        border-radius: 2em;
        background: purple;
        color: white;
        font-size: bold;
        border: pink solid 2px;
      }
    `}</style>
  </>
 );
}
```

同样，HTML 超文本标记选择符也是如此。当编写一个 Highlight 组件时，可简单地使用 Styled JSX 样式化整个组件，甚至不需要声明一个特定类。

```
export default function Highlight(props) {
  return (
    <>
      <span>{props.text}</span>
      <style jsx>{`
        span {
          background: yellow;
          font-weight: bold;
        }
      `}</style>
    </>
  );
}
```

此时，我们编写的<span>样式仅适用于 Highlight 组件，且不会影响页面中的其他<span>元素。

如果读者打算创建适用于所有组件的CSS规则，仅需使用global属性即可，Styled JSX 将把对应规则应用于匹配选择符的全部 HTML 元素上。

```
export default function Highlight(props) {
  return (
    <>
      <span>{props.text}</span>
      <style jsx global>{`
        span {
          background: yellow;
          font-weight: bold;
        }
```

```
    `}</style>
  </>
  )
}
```

在前述示例中，我们向样式声明中添加了 global prop，因此，每次使用<span>元素时，将继承在 Hightlight 组件中声明的样式。当然，这一过程涵盖了某种技巧，但可确保实现所需要求。

读者可能会有所疑惑：如何开始使用 Styled JSX？为何未安装 Styled JSX？答案在于，Styled JSX 内建于 Next.js 中，因而在初始化项目后即可开始使用 Styled JSX。

6.3　CSS 模块

在前述内容中考查了 CSS-in-JS 库，这意味着，需要在 JavaScript 中编写 CSS 定义，且取决于所选库及其配置方式，并将这些样式规则在运行期或编译期转换为 CSS。

虽然作者偏爱 CSS-in-JS 方案，但在选取 Next.js 应用程序时，仍需要注意该方案包含了某些缺陷。

许多 CSS-in-JS 库并未对 IDE/代码编辑器提供较好的支持，这也对开发人员带来了某些困难（缺少语法高亮支持、自动完成、检测等功能）。

关于性能，CSS-in-JS 方案涵盖了一个重大缺陷：即使在服务器端预生成规则，那么在客户端 React 水合作用后，仍需要重新生成规则。这将产生较高的运行期开销，减缓 Web 应用程序的运行速度。在向应用程序中添加更多特性时，情况还将进一步恶化。

CSS 可被视为 Styled-JSX 的替代方案。前述内容介绍了本地范围的 CSS 规则，以及 Styled-JSX 如何简化生成包含相同名称、不同功能的 CSS 类（避免命名冲突）。通过编写 CSS 类，随后在没有任何运行开销的情况下将其导入 React 组件中，CSS 模块将相同的概念引入表格中。

下面考查一个简单的登录页面，其中包含蓝色背景和欢迎文本。对此，可创建一个新的 Next.js 应用程序，随后创建 pages/index.js 文件，如下所示。

```
import styles from '../styles/Home.module.css';

export default function Home() {
  return (
    <div className={styles.homepage}>
      <h1> Welcome to the CSS Modules example </h1>
    </div>
```

```
  );
}
```

可以看到，我们从以.module.css 结尾的普通 CSS 文件中导入了 CSS 类。虽然 Home.module.css 是一个 CSS 类，但 CSS 模块将其内容转换为 JavaScript 对象。其中，每个键表示为一个类名。接下来详细地考查 Home.module.css 文件。

```css
.homepage {
  display: flex;
  justify-content: center;
  align-items: center;
  width: 100%;
  min-height: 100vh;
  background-color: #2196f3;
}

.title {
  color: #f5f5f5;
}
```

图 6.1 显示了相应的运行结果。

图 6.1　基于 CSS 模块样式化的主页

如前所述，这些类均是一定范围内的组件。当查看生成后的 HTML 页面时，登录页面将包含一个 div 类，如下所示。

```html
<div class="Home_homepage__14e3j">
  <h1 class="Home_title__3DjR7">
    Welcome to the CSS Modules example
```

```
    </h1>
</div>
```

可以看到，CSS 模块针对规则生成了唯一的类名。即使利用其他 CSS 文件中相同的通用 title 和 homepage 名称创建新类，在当前策略下也不会产生任何命名冲突。

但有些时候，我们需要使用全局规则。例如，若尝试渲染刚刚创建的主页，将会看到字体仍处于默认状态。此外还存在默认的 body 边距，我们可能打算覆盖这些默认的设置项。针对这一问题，可创建一个新的 styles/globals.css 文件，并添加下列内容。

```
html,
body {
  padding: 0;
  margin: 0;
  font-family: sans-serif;
}
```

随后可将其导入 pages/_app.js 文件中。

```
import '../styles/globals.css';

function MyApp({ Component, pageProps }) {
  return <Component {...pageProps} />;
}

export default MyApp;
```

当尝试渲染主页时，将会看到默认的 body 边距已经消失，字体也呈现为 sans-serif，如图 6.2 所示。

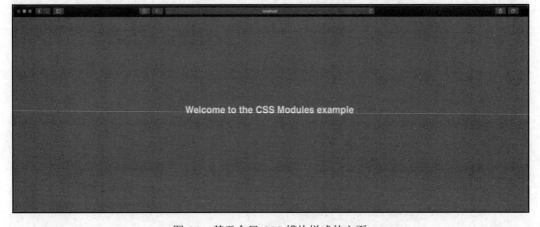

图 6.2　基于全局 CSS 模块样式的主页

除此之外，还可使用:global 关键字以全局方式创建 CSS 规则，例如：

```
.button :global {
  padding: 5px;
  background-color: blue;
  color: white;
  border: none;
  border-radius: 5px;
}
```

当测试样式方法时，还存在另一种较好的 CSS 模块特性值得推荐，即选择符组成（selector composition）。

实际上，可创建一个通用规则，并通过 composes 属性覆写其中的某些属性。

```
.button-default {
  padding: 5px;
  border: none;
  border-radius: 5px;
  background-color: grey;
  color: black;
}

.button-success {
  composes: button-default;
  background-color: green;
  color: white;
}

.button-danger {
  composes: button-default;
  background-color: red;
  color: white;
}
```

CSS 模块的主要理念是在每种语言中提供一种直接的方式编写模块化的 CSS 类，且不存在任何运行期开销。由于 PostCSS 模块（https://github.com/madyankin/postcss-modules）的存在，基本上可在每种语言（PHP、Ruby、Java 等）和模板引擎（Pug、Mustache、EJS 等）中使用 CSS 模块。

本节仅简要地介绍了 CSS 模块，以及为何 CSS 模块是编写模块化、轻量级、零运行成本类的优秀解决方案。关于 CSS 模块规范的更多内容，读者可访问官方存储库，对应网址为 https://github.com/css-modules/css-modules。

　　类似于 Styled-JSX，安装 Next.js 后即支持 CSS 模块。也就是说，项目在启动后即可使用 CSS 模块。相应地，我们仍需调整一些默认配置，以添加、移除和编辑某些特性，而 Next.js 可简化这些操作。

　　实际上，Next.js 使用 PostCSS 编译 CSS 模块。这里，PostCSS 是一种在构建期编译 CSS 的常见工具。

　　默认状态下，PostCSS 经 Next.js 配置后包含下列特性：

- ❑　自动前缀。这将利用 Can I Use（https://caniuse.com）中的值向 CSS 规则中添加销售商前缀。例如，若针对::placeholder 选择符编写一项规则，那么 PostCSS 将编译该项规则，以使其全部浏览器兼容。其中，选择符会稍有不同，如:-ms-input-placeholder、::-moz-placeholder 等。对此，读者可访问 https://github.com/postcss/autoprefixer 以了解更多信息。
- ❑　跨浏览器伸缩布局盒（flexbox）bug 修复。PostCSS 遵循一个社区管理的伸缩布局盒问题列表（参见 https://github.com/philipwalton/flexbugs），同时还加入了一些变通方法，使其在每个浏览器上都可正常工作。
- ❑　IE 11 兼容问题。PostCSS 可编译新的 CSS 特性，以使其在早期的浏览器（如 IE 11）上可用。但例外情况是，CSS 变量无法被编译，否则将会引发安全问题。如果读者确实需要支持早期浏览器并且仍然想使用这些变量，那么可跳转到 6.4 节并使用 SASS/SCSS 变量。

　　在项目的根目录中创建一个 postcss.config.json 文件，并随后添加默认的 Next.js 配置，进而编辑 PostCSS 默认配置。

```json
{
  "plugins": [
    "postcss-flexbugs-fixes",
    [
      "postcss-preset-env",
      {
        "autoprefixer": {
          "flexbox": "no-2009"
        },
        "stage": 3,
        "features": {
          "custom-properties": false
        }
      }
    ]
  ]
}
```

此时，可根据个人喜好编辑配置内容，进而添加、移除或修改任何属性。

稍后将考查如何集成一个常见的 CSS 预处理器，即 SASS。

6.4　集成 SASS 和 Next.js

SASS 是常见的 CSS 预处理器之一，并可方便地与 Next.js 集成。实际上，类似于 CSS 模块和 Styled-JSX，SASS 同样受到支持。对此，可在 Next.js 项目中安装 sass npm 包，如下所示。

```
yarn add sass
```

随后，可通过 SASS 和 SCSS 语法使用 CSS 模块。

下面考查一个简单的示例。首先打开 pages/index.js 文件，并修改 CSS 导入语句，如下所示。

```
import styles from '../styles/Home.module.scss';

export default function Home() {
  return (
    <div className={styles.homepage}>
      <h1> Welcome to the CSS Modules example </h1>
    </div>
  );
}
```

这里，需要将 styles/Home.module.css 文件重命名为 styles/Home.module.scss，并利用 SASS（或 SCSS）特定的语法编辑该文件。

基于 SASS 和 SCSS 语法，我们可通过大量的特性集使代码更具模块化且易于维护。

ℹ️**注意名称！**

对于相同的 CSS 预处理器，SASS 和 SCSS 被视为两种不同的语法。然而，二者均提供了 CSS 样式编写的增强方式，如 for 变量、循环、混入以及其他特性。

虽然名称可能看起来相似，且功能保持一致，但差别依然存在：SCSS（Sassy CSS）通过向.scss 文件中加入更多特性扩展了 CSS 语法。任何标准的.css 文件均可被重命名为.scss 文件且不会产生任何问题，因为 CSS 语法在.scss 文件中是有效的。

SASS 是一种早期语法且不兼容于标准的 CSS。SASS 不采用花括号或分号，只是使用缩进和新行分隔属性和嵌套选择符。

这两种语法都需要转译为普通的 CSS，以便在常规的 Web 浏览器上使用。

作为一个例子，下面考查 CSS 模块的 compose 属性，并创建一个新的 CSS 类扩展已有的类。

```css
.button-default {
  padding: 5px;
  border: none;
  border-radius: 5px;
  background-color: grey;
  color: black;
}

.button-success {
  composes: button-default;
  background-color: green;
  color: white;
}

.button-danger {
  composes: button-default;
  background-color: red;
  color: white;
}
```

通过 SCSS，可在多种不同的方案间进行选择，如使用@extend 关键字（其工作方式类似于 CSS 模块中的 compose 关键字）。

```scss
.button-default {
  padding: 5px;
  border: none;
  border-radius: 5px;
  background-color: grey;
  color: black;
}

.button-success {
  @extend .button-default;
  background-color: green;
  color: white;
}

.button-danger {
  @extend .button-default;
  background-color: red;
```

```
  color: white;
}
```

作为一种替代方案，可对类名稍作修改，并使用选择符嵌套特性。

```scss
.button {
  padding: 5px;
  border: none;
  border-radius: 5px;
  background-color: grey;
  color: black;

  &.success {
    background-color: green;
    color: white;
  }

  &.danger {
    background-color: red;
    color: white;
  }
}
```

SCSS 包含了大量的特性，如循环、混入、函数等，可使开发人员轻松地编写更复杂的 UI。

即使 Next.js 通过本地方式集成了 SASS，我们仍可禁用或启用某些特性，或者编辑默认的 SASS 配置项。

例如，可编辑 next.config.js 文件，如下所示。

```js
module.exports = {
  sassOptions: {
    outputStyle: 'compressed'
    // ...add any SASS configuration here
  },
}
```

关于 SASS 和 SCSS 的更多内容，读者可访问官方文档，对应网址为 https://sass-lang.com。

6.5　本 章 小 结

近些年来，CSS 生态圈涉及大量内容，在编写 CSS 样式方面，Next.js 一直保持领先，并提供了现代、高性能和模块化的解决方案。

本章主要介绍了 3 种不同的内建方法，且均包含了一定的妥协方案。

例如，Styled-JSX 是编写 CSS 规则最简单的方法之一，并可根据用户动作等行为协同 JavaScript 动态地修改某些 CSS 规则和属性，但 Styled JSX 也包含一些缺陷。类似于大多数 CSS-in-JS 库，Styled-JSX 首先在服务器端渲染，但会在 React 水合作用之后在客户端上重新渲染整个生成的 CSS，这向应用程序中加入了一些运行期开销，降低应用程序性能，同时也使得扩展操作变得更加困难。此外，浏览器将难以缓存 CSS 规则，因为在服务器端和客户端渲染的页面上，每次请求均将重复执行生成操作。

SASS 和 SCSS 语法与 Next.js 实现了较好的集成，并在编写复杂 UI 时提供了大量特性，且不会产生任何运行期开销。实际上，Next.js 在构建期将把所有的.scss 和.sass 文件编译为普通的 CSS，浏览器将缓存全部样式规则。然而，直至最后构建阶段我们才可看到产品优化的 CSS 输出结果。与 CSS 模块不同（编写内容十分接近最终的商品包），SASS 提供的大量特性最终可潜在地生成许多 CSS 文件，并在编写深度嵌套的规则、循环等内容时难以预测编译器输出结果。

最后，CSS 模块和 PostCSS 可被视为编写现代 CSS 样式的较好的解决方案，生成后的输出结果更易预测；同时，PostCSS 还将对早期浏览器（如 IE 11）提供现代 CSS 特性。

第 7 章将考查如何集成外部库，从而简化编写样式化、特性丰富的组件和 UI。

第 7 章　使用 UI 框架

第 6 章通过诸多有效的替代方案介绍了 Next.js 如何在编写 CSS 时改进了生产力，且无须安装和配置不同的外部包。

尽管如此，但某些时候，可能需要借助预置 UI 库来利用其组件、主题和内建特性，这样我们就无须从头开始构建它们，并在出现问题时向社区求助。

本章主要讨论一些现代的 UI 库，并介绍如何将其集成至 Next.js 应用程序中。

本章主要包含下列主题。

❑　UI 库的含义及其应用价值。

❑　如何集成 Chakra UI。

❑　如何集成 TailwindCSS。

❑　如何使用无头 UI 组件。

在阅读完本章内容后，读者将能够根据相关提示和规则集成任何 UI 库。

7.1　技　术　需　求

当运行本章示例代码时，需要在本地机器上安装 Node.js 和 npm。

如果愿意的话，还可使用在线 IDE，如 https://repl.it 或 https://codesandbox.io，二者均支持 Next.js，且无须在计算机上安装任何依赖项。另外，读者还可访问 GitHub 存储库查看代码库，对应网址为 https://github.com/PacktPublishing/Real-World-Next.js。

7.2　UI 库简介

UI 库、框架和实用工具并非必需。我们能够利用普通的 JavaScript、HTML 和 CSS 从头创建用户界面（尽管可能较为复杂）。其间，我们常会在构建的每个用户界面上使用相同的模式、访问规则、优化方法和实用工具函数。

UI 库的理念是抽象了大多数常见的用例、复用了不同用户界面上的大多数代码、改进了生产力，并采用知名的、经过良好测试的、可更换主题的 UI 组件。

对于可更换的主题，一般是指可自定义配色方案、间距和固定框架的整体设计语言的库和组件。

例如常见的 Bootstrap 库，该库可覆盖其默认的变量（如颜色、字体、混入等）以自定义默认的主题。基于这一特性，可在不同的 UI 上使用 Bootstrap，且每种 UI 包含不同的观感。

虽然 Bootstrap 仍是一款较好的、经过测试的库，但本章将考查一些更加现代的替代方案。每种方案将采用不同的方法，进而理解 UI 库的选择方式。

7.3　在 Next.js 中集成 Chakra UI

Chakra UI 是一款开源组件，用于构建模块化的、可访问的、具有良好外观的用户界面。Chakra UI 主要涵盖下列特性。

❑　可访问性。Chakra UI 可使用由 Chakra UI 团队创建的预置组件（如按钮、模态和输入等），并对可访问性予以关注。

❑　可更换的主题。Chakra UI 库涵盖默认的主题。例如，按钮包含特定的默认背景颜色、边界半径和填充机制等。通过 Chakra UI 的内建函数，通常可自定义默认的主题，以编辑库组件的各种样式。

❑　深、浅色模式。Chakra UI 支持深、浅色模式且依赖于用户的系统设置。默认状态下，如果用户将计算机设置为深色模式，Chakra UI 将加载深色主题。

❑　兼容性。我们可以从 Chakra UI 开始创建越来越多的组件。Chakra UI 库提供了构建块以轻松地创建自定义组件。

❑　支持 TypeScript。Chakra UI 采用 TypeScript 编写，并为开发人员体验提供了顶级类型。

当考查如何将 Chakra UI 集成于 Next.js 应用程序中时，可将静态 Markdown 用作页面，进而构建一个简单的公司员工目录。

下面开始创建一个新的 Next.js 项目。

```
npx create-next-app employee-directory-with-chakra-ui
```

接下来需要安装 Chakra UI 及其依赖项。

```
yarn add @chakra-ui/react @emotion/react@^11 @emotion/
styled@^11 framer-motion@^4 @chakra-ui/icons
```

随后准备集成 Chakra UI 和 Next.js。对此，打开 pages/_app.js 文件，并将默认的 <Component/>组件封装至 Chakra 供应商中。

```
import { ChakraProvider } from '@chakra-ui/react';

function MyApp({ Component, pageProps }) {
  return (
    <ChakraProvider>
      <Component {...pageProps} />
    </ChakraProvider>
  );
}

export default MyApp;
```

当使用 ChakraProvider 时，还可以传递一个 theme prop，它包含一个表示主题覆盖的对象。实际上，我们可通过内建的 extendTheme 函数，以及自定义颜色、字体、间距等覆盖默认的 Chakra UI。

```
import { ChakraProvider, extendTheme } from '@chakraui/react';

const customTheme = extendTheme({
  colors: {
    brand: {
      100: '#ffebee',
      200: '#e57373',
      300: '#f44336',
      400: '#e53935',
    },
  },
});

function MyApp({ Component, pageProps }) {
  return (
    <ChakraProvider theme={customTheme}>
      <Component {...pageProps} />
    </ChakraProvider>
  );
}

export default MyApp;
```

随后打开 pages/index.js 文件，并利用自定义颜色添加一些 Chakra UI 组件。

```
import { VStack, Button } from '@chakra-ui/react';

export default function Home() {
```

```
return (
  <VStack padding="10">
    <Button backgroundColor="brand.100"> brand.100
    </Button>
    <Button backgroundColor="brand.200"> brand.200
    </Button>
    <Button backgroundColor="brand.300"> brand.300
    </Button>
    <Button backgroundColor="brand.400"> brand.400
    </Button>
  </VStack>
);
}
```

在 Web 浏览器中打开页面，对应的输出结果如图 7.1 所示。

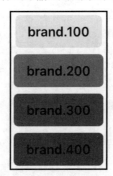

图 7.1　包含自定义主题颜色的 Chakra UI

随后，我们可随意向 Chakra UI 安装中添加自定义样式，最终结果将反映出用户的操作。

关于自定义属性的名称，建议读者阅读官方文档，对应网址为 https://chakra-ui.com/docs/theming/customize-theme。

之前曾简单介绍了 Chakra UI 提供的内建深、浅色模式。

默认状态下，Chakra UI 采用了浅色模式，但我们可调整这一行为，即打开 pages/_document.js 文件并添加下列内容。

```
import { ColorModeScript } from '@chakra-ui/react';
import NextDocument, {
  Html,
  Head,
  Main,
  NextScript
} from 'next/document';
```

```
import { extendTheme } from '@chakra-ui/react';

const config = {
  useSystemColorMode: true,
};

const theme = extendTheme({ config });

export default class Document extends NextDocument {
  render() {
    return (
      <Html lang="en">
        <Head />
        <body>
          <ColorModeScript
              initialColorMode={theme.config.initialColorMode}
          />
          <Main />
          <NextScript />
        </body>
      </Html>
    );
  }
}
```

ColorModeScript 组件将注入一个脚本，并根据用户的偏好设置以深、浅颜色模式运行。在给定了上述配置后，我们将采用用户系统的偏好设置渲染组件。在这种情况下，如果用户将他们的操作系统设置为在深色模式下运行，那么站点将在默认状态下以深色模式渲染组件，反之亦然，如果用户将他们的操作系统设置为浅色模式，那么站点将以浅色模式渲染组件。

通过打开 pages/index.js 文件，并按照下列方式替换其中的内容，即可测试当前脚本是否正常工作。

```
import {
    VStack,
    Button,
    Text,
    useColorMode
} from '@chakra-ui/react';

export default function Home() {
  const { colorMode, toggleColorMode } = useColorMode();
```

```
return (
  <VStack padding="10">
    <Text fontSize="4xl" fontWeight="bold" as="h1">
      Chakra UI
    </Text>
    <Text fontSize="2xl" fontWeight="semibold" as="h2">
      Rendering in {colorMode} mode
    </Text>
    <Button
      aria-label="UI Theme"
      onClick={toggleColorMode}
    >
      Toggle {colorMode === 'light' ? 'dark' : 'light'}
        mode
    </Button>
  </VStack>
);
}
```

根据 Chakra UI 的 useColorMode 钩子，通常可知晓正在使用的颜色模式，并根据对应值渲染特定的组件（或修改颜色）。另外，Chakra UI 能够记住用户的决定。因此，如果用户将颜色模式设置为深色，一旦用户返回当前站点中，他们就会发现已应用至 Web 页面的相同的颜色模式。

当前，如果打开站点的主页，我们将能够修改其颜色模式，最终的结果如图 7.2 所示。

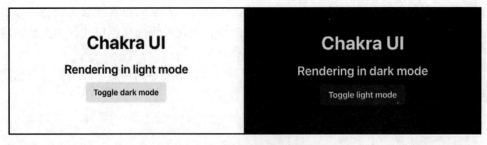

图 7.2　Chakra UI 颜色模式

在对 Chakra UI 和 Next.js 执行完第 1 步操作后，下面将开始开发一个空的员工目录。该网站较为简单：它仅包含一个主页，同时列出一家虚拟公司（即 ACME Corporation）的所有员工，以及每个用户的单一页面。

其中，在每个页面上都有一个按钮，用于从深色模式切换至浅色模式，反之亦然。

7.3.1　利用 Chakra UI 和 Next.js 构建员工目录

这里，我们可复用之前 Chakra UI 和 Next.js 已经设置好的项目以构建员工目录，但需要对已有代码稍作修改。

如果读者仍存疑问，则可查看 GitHub 上的完整站点示例，对应网址为 https://github.com/PacktPublishing/Real-World-Next.js/tree/main/07-using-ui-frameworks/with-chakra-ui。

首先需要使用员工的数据。对此，可访问 https://github.com/PacktPublishing/Real-World-Next.js/blob/main/07-using-ui-frameworks/withchakra-ui/data/users.js 获取完整的员工列表（由虚拟数据生成）。如果愿意的话，读者还可编写自定义员工数据，即创建一个独享数组，每个对象需要包含下列属性。

- ❑ id。
- ❑ username。
- ❑ first_name。
- ❑ last_name。
- ❑ description。
- ❑ job_title。
- ❑ avatar。
- ❑ cover_image。

接下来创建一个/data 新目录和一个名为 users.js 的 JavaScript 文件，并于其中放置员工数据。

```
export default [
  {
    id: 'QW3xhqQmTI4',
    username: 'elegrice5',
    first_name: 'Edi',
    last_name: 'Le Grice',
    description: 'Aenean lectus. Pellentesque eget nunc...',
    job_title: 'Marketing Assistant',
    avatar: 'https://robohash.org/elegrice5.jpg?size=350x350',
    Cover_image: 'https://picsum.photos/seed/elegrice5/1920/1080',
  },
  // ...other employee's data
];
```

pages/_document.js 文件则暂时保持不变。通过这种方式，即可执行站点的深、浅颜色的切换操作。

在 pages/_app.js 页面中，可通过下列方式修改其内容：包含新的 TopBar 组件（稍后将创建）并移除当前不需要的自定义主题。

```
import { ChakraProvider, Box } from '@chakra-ui/react';
import TopBar from '../components/TopBar';

function MyApp({ Component, pageProps }) {
  return (
    <ChakraProvider>
      <TopBar />
      <Box maxWidth="container.xl" margin="auto">
        <Component {...pageProps} />
      </Box>
    </ChakraProvider>
  );
}

export default MyApp;
```

可以看到，在上述代码块中，我们将<Component/>组件封装至 Chakra UI 的 Box 组件中。

默认状态下，<Box>充当一个空的<div>，类似于其他 Chakra UI，<Box>作为 prop 接收任何 CSS 指令符。当前，使用了 margin="auto"（转换为 margin: auto）和 maxWidth="container.xl"（转换为 max-width: var(--chakra-sizes-container-xl)）。

接下来，创建一个新文件/components/TopBar/index.js，并创建 TopBar 组件。

```
import { Box, Button, useColorMode } from '@chakra-ui/react';
import { MoonIcon, SunIcon } from '@chakra-ui/icons';

function TopBar() {
  const { colorMode, toggleColorMode } = useColorMode();
  const ColorModeIcon = colorMode === 'light' ? SunIcon : MoonIcon;

  return (
    <Box width="100%" padding="1"
      backgroundColor="whatsapp.500">
      <Box maxWidth="container.xl" margin="auto">
        <Button
          aria-label="UI Theme"
```

```
            leftIcon={<ColorModeIcon />}
            onClick={toggleColorMode}
            size="xs"
            marginRight="2"
            borderRadius="sm">
            Toggle theme
        </Button>
      </Box>
    </Box>
  );
}

export default TopBar;
```

TopBar 组件与之前创建的其他部件基本相同。每次用户单击该按钮时，将通过 Chakra UI 内建的 toggleColorMode 函数切换深、浅颜色模式。

当前，可在新的 components/UserCard/index.js 文件中创建另一个组件。

```
import Link from 'next/link';
import {
  Box, Text, Avatar, Center, VStack, useColorModeValue
    } from '@chakra-ui/react';

function UserCard(props) {
  return (
    <Link href={`/user/${props.username}`} passHref>
      <a>
        <VStack
          spacing="4"
          borderRadius="md"
          boxShadow="xl"
          padding="5"
          backgroundColor={
            useColorModeValue('gray.50', 'gray.700')
          }>
          <Center>
            <Avatar size="lg" src={props.avatar} />
          </Center>
          <Center>
            <Box textAlign="center">
              <Text fontWeight="bold" fontSize="xl">
```

```
            {props.first_name} {props.last_name}
          </Text>
          <Text fontSize="xs"> {props.job_title}</Text>
        </Box>
      </Center>
    </VStack>
  </a>
  </Link>
 );
}


export default UserCard;
```

不难发现，我们将整个组件封装至 Next.js <Link>组件中，同时向<a>子元素中传递一个 href 值。

随后使用垂直栈（VStack）组件，该组件于幕后使用了伸缩布局盒，以帮助我们通过垂直方式排列了元素。

取决于所选的颜色主题，可针对用户卡片采用不同的背景颜色。对此，可通过 Chakra UI 的内建 useColorModeValue 予以实现。

```
backgroundColor={useColorModeValue('gray.50', 'gray.700')}>
```

当用户选择浅色主题时，Chakra UI 将显示第 1 个值('gray.50')；当用户选择深色主题时，UI 库将使用第 2 个值('gray.700')。

如果向<UserCard>组件中传递正确的 prop，最终的结果如图 7.3 所示。

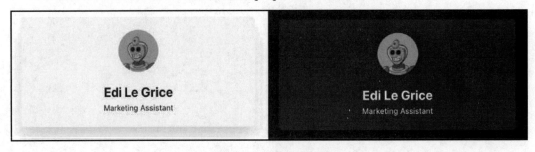

图 7.3　UserCard 组件

最终，我们将在主页上渲染员工列表。对此，打开 pages/index.js 文件，导入员工列表，并利用新创建的 UserCard 组件予以显示。

```
import { Box, Grid, Text, GridItem } from '@chakra-ui/react';
import UserCard from '../components/UserCard';
```

```
import users from '../data/users';

export default function Home() {
  return (
    <Box>
      <Text
        fontSize="xxx-large"
        fontWeight="extrabold"
        textAlign="center"
        marginTop="9">
        ACME Corporation Employees
      </Text>
      <Grid
        gridTemplateColumns={
          ['1fr', 'repeat(2, 1fr)', 'repeat(3, 1fr)']
        }
        gridGap="10"
        padding="10">
        {users.map((user) => (
          <GridItem key={user.id}>
            <UserCard {...user} />
          </GridItem>
        ))}
      </Grid>
    </Box>
  );
}
```

在当前页面上，可实现另一个 Chakra UI，即响应式 prop。下面将针对用户卡片使用 <Grid>组件构建一个网格模板。

```
gridTemplateColumns={
  ['1fr', 'repeat(2, 1fr)', 'repeat(3, 1fr)']
}
```

每个 Chakra UI prop 可接收一个值数组作为输入内容。在上述示例中，UI 库将在移动设备屏幕上渲染'1fr'，在媒体屏幕（如平台电脑）上渲染'repeat(2, 1fr)'，并在较大的屏幕（如桌面计算机）上渲染'repeat(3, 1fr)'。

运行开发服务器后，最终结果如图 7.4 所示。

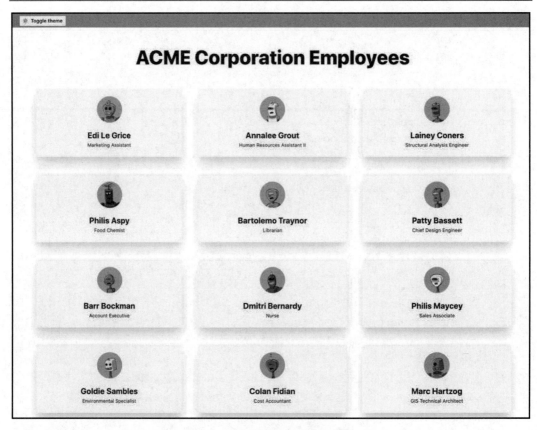

图 7.4　浅色模式的员工目录主页

在作者的例子中，作者将系统偏好设置为浅色模式。因此，默认状态下，Chakra UI 将利用其浅色模式渲染页面。相应地，通过单击 TopBar 组件中的 Toggle theme 按钮，还可修改主题模式，如图 7.5 所示。

当前，仅需创建单一员工页面即可。

接下来创建一个名为 pages/users/[username].js 的新文件并于其中使用 Next.js 的内建方法在构建期以静态方式渲染每个页面。

首先导入 users.js 文件，并通过 getStaticPaths 函数创建全部静态路径。

```
import users from '../../data/users';

export function getStaticPaths() {
  const paths = users.map((user) => ({
    params: {
```

```
    username: user.username
  }
}));

return {
  paths,
  fallback: false
};
}
```

图 7.5　深色模式下的员工目录主页

通过 getStaticPaths 函数，可针对用户数组中的每个用户通知 Next.js 需要渲染一个新页面。

除此之外，如果所请求的路径未在构建期内生成，该函数还将通知 Next.js 显示一个 404 页面。对此，可采用 fallback: false 属性。

如果将 fallback 属性设置为 true，那么该属性将通知 Next.js 尝试在服务器端渲染一个页面（若该页面未在构建期内渲染）。这是因为，我们可能需要获取数据库或外部 API 中的页面，并且在每次创建新页面时不希望重新构建整个站点。因此，在将 fallback 属性设置为 true 时，Next.js 将在服务器端上返回 getStaticProps 函数、渲染页面并将该页面视为一个静态页面。

当前示例需要使用该特性，因为我们正在从静态 JavaScript 文件中获取数据，稍后将对此加以讨论。

getStaticProps 函数的定义如下所示。

```
export function getStaticProps({ params }) {
  const { username } = params;

  return {
   props: {
     user: users.find((user) => user.username === username)
    }
  };
}
```

当使用 getStaticProps 函数时，我们通过过滤用户的数组查询希望在页面上显示的特定用户。

在编写页面内容之前，我们导入所需的 Chakra UI 和 Next.js 依赖项。

```
import Link from 'next/link';
import {
 Avatar,
 Box,
 Center,
 Text,
 Image,
 Button,
 Flex,
 useColorModeValue
} from '@chakra-ui/react';
```

最后编写 UserPage 组件。我们将把所有事物封装至一个 Chakra UI \<Center\>组件中，该组件于幕后使用伸缩布局盒将所有子元素置于中心位置处。

随后采用其他的 Chakra UI 内建组件（如\<Image\>、\<Flex\>、\<Avatar\>、\<Text\>等）创建当前组件。

```
function UserPage({ user }) {
  return (
    <Center
      marginTop={['0', '0', '8']}
      boxShadow="lg"
      minHeight="fit-content">
      <Box>
        <Box position="relative">
          <Image
            src={user.cover_image}
            width="fit-content"
            height="250px"
            objectFit="cover" />
          <Flex
            alignItems="flex-end"
            position="absolute"
            top="0"
            left="0"
            backgroundColor={
              useColorModeValue('blackAlpha.400', 'blackAlpha.600')
            }
            width="100%"
            height="100%"
            padding="8"
            color="white">
            <Avatar size="lg" src={user.avatar} />
            <Box marginLeft="6">
              <Text as="h1" fontSize="xx-large" fontWeight="bold">
                {user.first_name} {user.last_name}
              </Text>
              <Text as="p" fontSize="large" lineHeight="1.5">
                {user.job_title}
              </Text>
            </Box>
          </Flex>
        </Box>
        <Box
          maxW="container.xl"
          margin="auto"
          padding="8"
          backgroundColor={useColorModeValue('white', 'gray.700')}>
          <Text as="p">{user.description}</Text>
```

```
        <Link href="/" passHref>
          <Button marginTop="8" colorScheme="whatsapp" as="a">
            Back to all users
          </Button>
        </Link>
      </Box>
    </Box>
  </Center>
 );
}


export default UserPage;
```

其中，我们还可看到其他的 Chakra UI 特性，如 Back to all users 按钮中所用的 as prop。

```
<Button marginTop="8" colorScheme="whatsapp" as="a">
```

这里，我们通知 Chakra UI 作为一个<a>HTML 元素渲染 Button 组件。通过这种方式，可使用其父 Next.js Link 组件中的 passHref prop，并将其 href 值传递至按钮中，进而生成一个更具访问性的 UI。据此，可通过绑定的 href 属性创建一个<a>元素。

运行开发服务器并测试最终的结果，如图 7.6 所示。

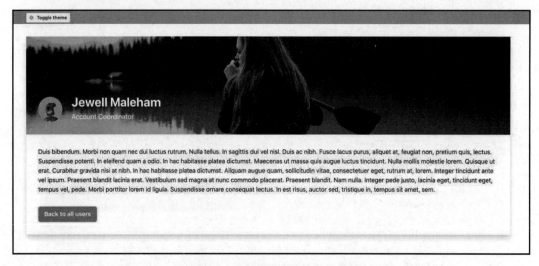

图 7.6　浅色模式下的单个员工

通过单击 Toggle theme 按钮，还可访问用户界面的深色主题模式，如图 7.7 所示。由于使用了响应式样式，因此可通过缩放浏览器页面测试 UI，如图 7.8 所示。

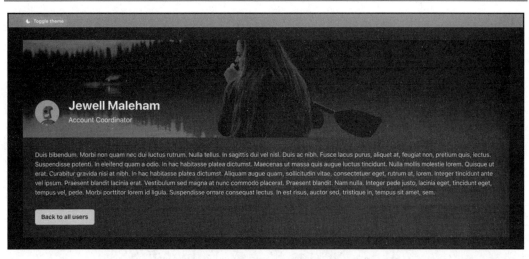

图 7.7　深色模式下的单个员工

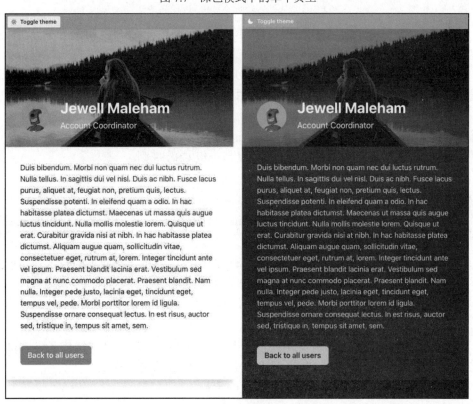

图 7.8　单个员工页面（移动设备上的视图）

可以看到，利用 Chakra UI 的内建组件实现响应式用户界面其过程较为直接。

关于现有组件、钩子和实用工具的更多信息，读者可访问 https://chakra-ui.com。

7.3.2　Chakra UI 小结

Chakra UI 是一款优秀的现代 UI 库，且适用于多种项目。Chakra UI 是开源的并可免费使用；同时，在经社区不断的优化下，Chakra UI 更具可访问、完整性且兼具较好的性能。

此外，Chakra UI 还提供了其核心团队发布的预置 UI 组件。读者可访问 https://pro.chakra-ui.com/components 以了解更多信息。

接下来将讨论另一种较为常见且截然不同的 UI 库，即 TailwindCSS。

7.4　在 Next.js 中集成 TailwindCSS

TailwindCSS 是一个实用工具 CSS 框架，并可通过预置 CSS 类构建用户界面，这些 CSS 类采用较为直观的方式映射 CSS 规则。

与 Chakra UI、Material UI 和许多其他 UI 框架不同，TailwindCSS 仅提供 CSS 规则，该框架并不提供 JavaScript 脚本或 React 组件，因而需要亲自编写。

TailwindCSS 的主要优点如下。

❑ 框架无关性。可在 React、Vue、Angular，甚至是普通的 HTML 和 JavaScript 中使用 TailwindCSS。TailwindCSS 仅是一组 CSS 规则。

❑ 可更换的主题。类似于 Chakra UI，可自定义全部 TailwindCSS 变量，以使其匹配于设计内容。

❑ 支持深、浅颜色主题。通过修改<html>元素中的特定 CSS 类，可方便地启用或禁用深色主题。

❑ 高度优化。TailwindCSS 由多个 CSS 类构成，并可在构建期删减未使用的类，减少最终包的尺寸，因为未使用的类已被移除。

❑ 支持移动设备。可采用特定的 CSS 类前缀，并将特定规则应用于移动设备、桌面设备或平板计算机的屏幕上。

本节将重构之前的项目，并展示如何在 Next.js 中集成、自定义和优化 TailwindCSS。通过这种方式，将进一步展现 Chakra UI 和 TailwindCSS 之间的差别。

接下来创建新的项目，并安装全部所需的依赖项。

```
npx create-next-app employee-directory-with-tailwindcss
```

TailwindCSS 仅需要使用 devDependencies，因此可在新创建的项目中安装它。

```
yarn add -D autoprefixer postcss tailwindcss
```

如前所述，TailwindCSS 并未包含 JavaScript 实用工具，因此，与 Chakra UI 不同，我们需要亲自管理深、浅主题的切换。对此，可通过 next-themes 库帮助我们管理这些主题。下面安装 next-themes 包。

```
yarn add next-themes
```

在全部依赖项安装完毕后，需要设置基本的 TailwindCSS 配置文件。对此，可使用 tailwindcss init 命令。

```
npx tailwindcss init -p
```

这将生成两个不同的文件，如下所示。

（1）tailwind.config.js 文件。该文件可帮助我们配置 TailwindCSS 主题、未使用的内容、深色模式、插件等。

（2）postcss.config.js 文件。TailwindCSS 在幕后使用 PostCSS，并配备了预先配置的 postcss.config.js 文件，我们可根据个人喜好编辑该文件。

首先需要配置 TailwindCSS 文件并移除未使用的 CSS 内容。对此，打开 tailwind. config.js 文件，并通过下列方式编辑该文件。

```
module.exports = {
  purge: ['./pages/**/*.{js,jsx}',
    './components/**/*.{js,jsx}'],
  darkMode: 'class',
  theme: {
    extend: {},
  },
  variants: {
    extend: {},
  },
  plugins: [],
};
```

可以看到，我们通知 TailwindCSS 检查 pages/和 components/目录中以.js 或.jsx 结尾的每个文件，并移除这些文件中不再使用的全部 CSS 类。

另外，我们将 darkMode 属性设置为'class'。据此，框架将查看<html>类元素，以确定是否通过深色或浅色模式渲染组件。

当前仅需包含每个应用程序页面上的默认的 tailwind.css CSS 文件并准备开始。对此，将'tailwindcss/tailwind.css'导入 pages/_app.js 文件中。

```
import 'tailwindcss/tailwind.css';

function MyApp({ Component, pageProps }) {
  return <Component {...pageProps} />
}

export default MyApp;
```

接下来包含特定的 TailwindCSS 类。在代码编辑器中令 pages/_app.js 文件处于打开状态，并导入 next-themes 包中的 ThemeProvider，这有助于我们管理深色/浅色主题切换，并将其他组件封装于其中。

```
import { ThemeProvider } from 'next-themes';
import TopBar from '../components/TopBar';
import 'tailwindcss/tailwind.css';

function MyApp({ Component, pageProps }) {
  return (
    // attribute="class" will set a "dark" CSS class
    // to the main <html> tag
    <ThemeProvider attribute="class">
      <div
        className="dark:bg-gray-900 bg-gray-50 w-full min-h-screen"
      >
        <TopBar />
        <Component {...pageProps} />
      </div>
    </ThemeProvider>
  );
}

export default MyApp;
```

不难发现，这里采用了与 Chakra UI 相同的处理步骤。其间导入了 TopBar 组件（供站点中的全部页面使用），并将 Next.js <Component /> 组件封装至一个容器中。

稍后将考查如何编写 TopBar 组件。下面集中考查封装 <Component /> 组件的 <div>。

```
<div className="dark:bg-gray-900 bg-gray-50 w-full min-h-screen">
```

此处使用了 4 个不同的 CSS 类，具体如下所示。

（1）dark:bg-gray-900。当主题被设置为深色模式时，<div>的背景颜色将被设置为

bg-gray-900，这是一个 TailwindCSS 变量，该变量映射为#111927 HEX 颜色。

（2）bg-gray-50。默认状态下（浅色模式），<div>的背景颜色将被设置为 bg-gray-50，这将映射为#f9fafb HEX 颜色。

（3）w-full。这意味着"全部宽度"。因此，<div>将 width 属性设置为 100%。

（4）min-h-screen。该 CSS 类表示将 min-height 属性设置为整个屏幕高度，即 min-height: 100vh。

下面创建一个新的/components/TopBar/index.js 文件，并添加下列内容。

```
import ThemeSwitch from '../ThemeSwitch';

function TopBar() {
  return (
    <div className="w-full p-2 bg-green-500">
      <div className="w-10/12 m-auto">
        <ThemeSwitch />
      </div>
    </div>
  );
}

export default TopBar;
```

这里，我们生成了一个全宽度的水平绿色栏（className="w-full p-2 bg-green-500"），且内距为 0.5rem（p-2 类），背景颜色（bg-green-500）为#12b981。

在<div>中，我们放置了另一个 75%宽度（w-10/12）的位于中心位置的<div>。

随后导入 ThemeSwitch 按钮，其创建方式为，在 components/ThemeSwitch/index.js 下创建一个新文件。

```
import { useTheme } from 'next-themes';

function ThemeSwitch() {
  const { theme, setTheme } = useTheme();
  const dark = theme === 'dark';

  const toggleTheme = () => {
    setTheme(dark ? 'light' : 'dark');
  };

  if (typeof window === 'undefined') return null;
```

```
  return (
    <button
      onClick={toggleTheme}
      className="
        dark:bg-green-900 dark:bg-opacity-20 dark:text-gray-50
        bg-green-100 text-gray-500 pl-2 pr-2 rounded-md text-xs
        p-1"
    >
      Toggle theme
    </button>
  );
}

export default ThemeSwitch;
```

该组件较为直观，我们使用通过 next-themes 库打包的 useTheme 钩子，并根据当前
设置的主题将主题值修改为 light 或 dark。

需要注意的是，我们仅在客户端执行当前操作（typeof window === 'undefined'）。实
际上，该钩子向浏览器的 localStorage 组件中添加了一个 theme 项，且无法在服务器端访
问该项。

因此，ThemeSwitch 组件仅在客户端被渲染。

关于<button> CSS 类，可以看到，我们构建了一个包含绿色背景的圆角按钮。取决
于当前所选的主题，绿色色调可能稍有不同。

接下来创建 UserCard 组件。针对于此，在 components/UserCard/index.js 下创建一个
新文件，并添加下列内容。

```
import Link from 'next/link';

function UserCard(props) {
  return (
    <Link href={`/user/${props.username}`} passHref>
      <div
        className="
          dark:bg-gray-800 bg-gray-100 cursor-pointer
          dark:text-white p-4 rounded-md text-center shadow-xl"
      >
        <img
          src={props.avatar}
          alt={props.username}
          className="w-16 bg-gray-400 rounded-full m-auto"
        />
```

```
            <div className="mt-2 font-bold">
              {props.first_name} {props.last_name}
            </div>
            <div className="font-light">{props.job_title}</div>
          </div>
        </Link>
    );
}


export default UserCard;
```

除了 CSS 类名，该组件与 Chakra UI 组件基本相同。

 图像优化

当前并未优化图像，而是通过默认的 <img /> HTML 元素对其进行处理。这也使得站点速度较慢并降低了 SEO 的评级。

对此，应尝试配置自动图像优化，并通过 Next.js <Image /> 组件对其进行处理。

具体内容可参见第 3 章。

下面开始编写 ACME 员工目录的主页。首先应确保包含 data/users.js 下的同一个 users.js 文件。

如果需要再次下载该文件，可访问 https://github.com/PacktPublishing/Real-World-Next.js/blob/main/07-using-ui-frameworks/with-tailwindcss/data/users.js 复制内容。

打开 pages/index.js 文件，导入 users.js 文件和 UserCard 组件，经全部整合后可像 Chakra UI 所做的那样创建一个用户网格。

```
import UserCard from '../components/UserCard';
import users from '../data/users';

export default function Home() {
  return (
    <div className="sm:w-9/12 sm:m-auto pt-16 pb-16">
      <h1 className="
        dark:text-white text-5xl font-bold text-center
      ">
        ACME Corporation Employees
      </h1>
      <div className="
        grid gap-8 grid-cols-1 sm:grid-cols-3 mt-14
        ml-8 mr-8 sm:mr-0 sm:ml-0
      ">
        {users.map((user) => (
```

```
      <div key={user.id}>
        <UserCard {...user} />
      </div>
    ))}
  </div>
 </div>
);
}
```

不难发现，这里开始使用了一些响应指令，如下所示。

```
<div className="sm:w-9/12 sm:m-auto pt-16 pb-16">
```

其中，当窗口宽度大于或等于 640px 时，sm:前缀将应用一个特定的规则。

默认状态下，TailwindCSS 首先支持移动设备。如果打算将一个特定类应用于较宽的屏幕上，则需要利用下列前缀之一为该类添加前缀：sm:(640px)、md: (768px)、lg: (1024px)、xl: (1280px)或 2xl:(1536px)。

运行开发服务器并访问主页，对应结果如图 7.9 所示。

图 7.9　利用 TailwindCSS（浅色主题）构建的员工目录

通过单击屏幕上方绿色栏上的按钮，还可将当前主题切换为深色，如图 7.10 所示。

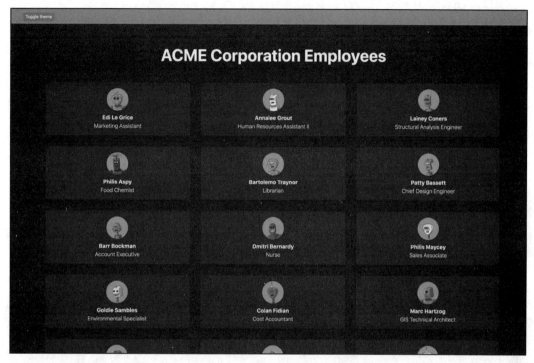

图 7.10　利用 TailwindCSS（深色主题）构建的员工目录

当比较 Chakra UI 实现和 TailwindCSS 实现之间的可视化结果时，将会看到二者十分相似。

接下来创建单用户页面。首先创建一个名为 pages/user/[username].js 的文件（若不存在），随后导入所需的依赖项。

```
import Link from 'next/link';
import users from '../../data/users';
```

getStaticPaths 函数如下所示。

```
export function getStaticPaths() {
  const paths = users.map((user) => ({
    params: {
      username: user.username
    }
  }));
```

```
  return {
    paths,
    fallback: false
  };
}
```

接下来编写 getStaticProps 函数。

```
export function getStaticProps({ params }) {
  const { username } = params;

  return {
    props: {
      user: users.find((user) => user.username === username)
    }
  };
}
```

不难发现，这些函数与 Chakra UI 中编写的函数基本相同。实际上，基于当前实现，仅需修改页面内容的渲染方式，所有的服务器端数据获取机制和管理措施均保持一致。

最后编写单用户页面内容。这里，我们将生成一个与 Chakra UI 做法类似的结构，但使用 TailwindCSS 类和标准的 HTML 元素。

```
function UserPage({ user }) {
  return (
    <div className="pt-0 sm:pt-16">
      <div className="
        dark:bg-gray-800 text-white w-12/12
        shadow-lg sm:w-9/12 sm:m-auto">
        <div className="relative sm:w-full">
          <img
            src={user.cover_image}
            alt={user.username}
            className="w-full h-96 object-cover object-center"
          />
          <div className="
            bg-gray-800 bg-opacity-50 absolute
            flex items-end w-full h-full top-0 left-0 p-8">
            <img
              src={user.avatar}
              alt={user.username}
              className="bg-gray-300 w-20 rounded-full mr-4"
            />
```

```
      <div>
        <h1 className="font-bold text-3xl">
          {user.first_name} {user.last_name}
        </h1>
        <p> {user.job_title} </p>
      </div>
    </div>
  </div>
  <div className="p-8">
    <p className="text-black dark:text-white">
      {user.description}
    </p>
    <Link href="/" passHref>
      <button className="
        dark:bg-green-400 dark:text-gray-800
          bg-green-400
        text-white font-semibold p-2
          rounded-md mt-6">
        Back to all users
      </button>
    </Link>
  </div>
  </div>
  </div>
);
}

export default UserPage;
```

至此，我们通过 TailwindCSS 重写了整个应用程序。

在编写本书时，最初的 TailwindCSS 样式表大小约为 4.7 MB。运行 yarn build 命令生成最终的站点后，最终的 TailwindCSS 文件约为 6 KB。

我们可通过对 tailwind.config.js 文件中的 purge 属性进行注释实现快速测试。

截至目前，我们查看了两种不同的方法样式化 Web 应用程序，二者均包含自身的优缺点。

这两种方案均展示了如何编写站点样式。其中，Chakra UI 优点在于提供了预置的 React 组件。在将该库与 Next.js/React 应用程序集成时，这将十分方便且兼具动态性。

TailwindCSS 的创新思想主要体现在向 TailwindCSS（可能也涵盖其他框架）中提供了一个动态界面，即 Headless UI。

稍后将考查 Headless UI 及其在构建现代、高性能和优化的 Web 应用程序时的简化方案。

7.5　集成 Headless UI

如前所述，TailwindCSS 仅提供 CSS 类并可用于任何 Web 组件中。

如果打算实现动态内容，如模态、切换按钮等，则需要自己编写 JavaScript 逻辑内容。

Headless UI 通过提供 TailwindCSS 的反向内容解决这一问题，即不包含任何 CSS 类或样式的动态组件。通过这种方式，我们可随意使用 TailwindCSS 或其他框架，并以较为直接的方式样式化预置组件。

Headless UI 是一个免费、开源的项目，并由 Tailwind Labs 团队（TailwindCSS 背后的同一个组织）发布。感兴趣的读者可访问 https://github.com/tailwindlabs/headlessui 查看项目的源代码。

与独自集成 TailwindCSS 相比，集成 Headless UI 和 TailwindCSS 并不复杂。对此，可设置新项目并像之前一样安装所有的依赖项。

随后可安装 Headless UI 自身。除此之外，还将安装一个简单且应用广泛的实用工具 classnames，以帮助我们创建动态 CSS 类名。

```
yarn add @headlessui/react classnames
```

通过使用 Headless UI 和 TailwindCSS，我们将开发一个简单的菜单组件。

访问 pages/index.js 文件，并导入 Headless UI（classnames）和 Next.js Link 组件。

```
import Link from 'next/link';
import { Menu } from '@headlessui/react';
import cx from 'classnames';
```

在同一页面内，创建一个菜单元素数组，并以此利用模拟数据填充菜单。

```
const entries = [
  {
    name: 'Home',
    href: '/'
    enabled: true,
  },
  {
    name: 'About',
    href: '/about',
    enabled: true,
  },
```

```
  {
    name: 'Contact',
    href: '/contact',
    enabled: false,
  },
];
```

当前，我们可析构 Headless UI Menu 组件，并使用全部所需组件构建菜单。

```
const { Button, Items, Item } = Menu;
```

每个菜单项将被封装至一个 Item 组件中。由于每个菜单项的行为相同，我们可创建一个通用的 MenuEntry 组件，并将其应用于数组上。

```
const MenuEntry = (props) => (
  <Item disabled={!props.enabled}>
    {({ active }) => (
      <Link href={props.href} passHref>
        <a>{props.name}</a>
      </Link>
    )}
  </Item>
);
```

可以看到，Headless UI 将向 Item 中的全部元素传递一个 active 状态。我们将使用该状态向用户展示哪一个菜单元素当前处于活动状态。

```
export default function Home() {
  return (
    <div className="w-9/12 m-auto pt-16 pb-16">
      <Menu>
        <Button>My Menu</Button>
        <Items>
          {entries.map((entry) => (
            <MenuEntry key={entry.name} {...entry} />
          ))}
        </Items>
      </Menu>
    </div>
  );
}
```

当启动开发服务器后，将会在屏幕右上方看到一个完全未样式化的按钮。单击该按钮可显示/隐藏其内容。

```
const MenuEntry = (props) => (
  <Item disabled={!props.enabled}>
    {(({ active }) => {
      const classNames = cx(
        'w-full', 'p-2', 'rounded-lg', 'mt-2', 'mb-2',
        {
          'opacity-50': !props.enabled,
          'bg-blue-600': active,
          'text-white': active,
        });

      return (
        <Link href={props.href} passHref>
          <a className={classNames}>{props.name}</a>
        </Link>
      );
    }}
  </Item>
);
```

在主组件中，可简单地添加样式化 Button 和 Item 组件所需的 CSS 类。这里，我们希望菜单呈现为紫色且包含白色的文本内容，而下拉菜单则包含圆角和阴影。对此，可添加下列类。

```
export default function Home() {
  return (
    <div className="w-9/12 m-auto pt-16 pb-16">
      <Menu>
        <Button className="
          bg-purple-500 text-white p-2 pl-4 pr-4 rounded-lg
        "> My Menu </Button>
        <Items className="
          flex flex-col w-52 mt-4 p-2 rounded-xl shadow-lg
        ">
          {entries.map((entry) => (
            <MenuEntry key={entry.name} {...entry} />
          ))}
        </Items>
      </Menu>
    </div>
  );
}
```

除此之外，还可向菜单中添加过渡效果，使其更加平滑地显示/隐藏部分内容。对此，仅需导入 Headless UI 中的 Transition 组件，并将菜单项封装于其中。

```
import { Menu, Transition } from '@headlessui/react';

// ...

export default function Home() {
  return (
    <div className="w-9/12 m-auto pt-16 pb-16">
      <Menu>
        <Button className="
          bg-purple-500 text-white p-2 pl-4 pr-4 rounded-lg
        "> My Menu </Button>
        <Transition
          enter="transition duration-100 ease-out"
          enterFrom="transform scale-95 opacity-0"
          enterTo="transform scale-100 opacity-100"
          leave="transition duration-75 ease-out"
          leaveFrom="transform scale-100 opacity-100"
          leaveTo="transform scale-95 opacity-0">
          <Items className="
            flex flex-col w-52 mt-4 p-2
              rounded-xl shadow-lg
          ">
            {entries.map((entry) => (
              <MenuEntry key={entry.name} {...entry} />
            ))}
          </Items>
        </Transition>
      </Menu>
    </div>
  );
}
```

这里，我们仅通过 TailwindCSS 样式化了第 1 个无头组件，此外还可使用自己的 CSS 规则或者其他 CSS 框架。

类似于 Chakra UI，TailwindCSS 也提供了一系列有用的组件，其中，许多组件依赖于 Headless UI 管理其交互行为。读者可访问 https://tailwindui.com 查看更多内容。

7.6　本　章　小　结

本章考查了 3 种不同的现代方案，用于构建基于 Next.js、React，甚至是普通 HTML 的用户界面。

后续章节还将继续讨论真实的 Web 应用程序，并在前述知识的基础上加速 UI 开发，并关注性能、可访问性和开发体验的问题。

如果读者对 Chakra UI 和 TailwindCSS 之间的差别感兴趣，则可阅读 Chakra UI 网站上的官方指导，对应网址为 https://chakra-ui.com/docs/comparison。

Chakra UI 和 TailwindCSS 两种库对用户界面实现均提供了较好的支持，二者甚至共同拥有某些特性，但在实际操作过程中，它们还是有很大的差别。

Chakra UI 公开了一组组件，但仅适用于 React 和 Vue。这里的问题是，如果项目采用 Angular 或 Svelte，情况又当如何？

另外，TailwindCSS 是 100%框架无关的，我们可以此编写任意 Web 应用程序的前端，且与所采用的技术无关。

就作者意见而言，选择哪种库完全取决于个人爱好。

第 8 章将关注应用程序的后端，并介绍如何通过自定义 Next.js 服务器以动态方式处理 Next.js Web 应用程序。

第 8 章　使用自定义服务器

Next.js 是一个功能强大的框架。在前述章节中，我们创建了一些服务器端渲染的 Web 应用程序，且从未关注如何调整和自定义 Web 服务器。当然，在真实的场景中，我们一般很少讨论如何在 Express.js 或 Fastify 服务器中实现 Next.js 应用程序，但知道这一点往往很有用处。

在过去的几年中，作者曾使用 Next.js 创建了许多大规模的 Web 应用程序，且较少需要使用自定义服务器。但有些时候，这种情况也不可避免。

本章主要包含下列主题。

❑　"自定义服务器"的含义、应用时机和选项。

❑　如何协同使用 Express.js 和 Next.js。

❑　如何协同使用 Fastify 和 Next.js。

❑　部署自定义服务器的需求条件。

在阅读完本章后，读者将能够确定使用自定义服务器的时机、自定义服务器的优缺点，以及自定义服务器能够解决哪些问题。

8.1　技　术　需　求

当运行本章示例代码时，需要在本地机器上安装 Node.js 和 npm。

如果读者愿意的话，还可使用在线 IDE，如 https://repl.it 或 https://codesandbox.io，二者均支持 Next.js，且无须在计算机上安装任何依赖项。另外，读者还可访问 GitHub 存储库查看代码库，对应网址为 https://github.com/PacktPublishing/Real-World-Next.js。

8.2　关于自定义服务器的使用

如前所述，Next.js 配备了自身的服务器，因而无须配置一个自定义服务器来开始利用该框架编写 Web 应用程序。但某些时候，可能需要处理源自自定义服务器（如 Express.js 或 Fastify）上的 Next.js 应用程序，如该框架公开了某些 API（稍后将考查这些 API）。但在考查具体实现之前，首先需要正视一个问题：我们真的需要一个自定义服务器吗？

大多数时候，答案是否定的。Next.js 是一个完整的框架，且较少需要通过 Express.js、Fastify 或其他服务器端框架来自定义服务器端逻辑内容。但某些时候，这一问题是无法避免的，因为需要处理某些特殊问题。

一些常见的自定义服务器应用场合如下所示。

- ❑ 将 Next.js 集成至现有的服务器中。假设正在重构一个已有的 Web 应用程序并使用 Next.js，其间，可能需要尽可能地维护服务器端的逻辑内容、中间件和路由。此时，可采用渐进方式添加 Next.js，并选择所处理的站点页面以及渲染页面。

- ❑ 多用户技术。虽然 Next.js 根据当前主机名支持多个域（关于本地解决方案，可访问 https://github.com/leerob/nextjs-multiple-domains），但某些时候，我们可能需要针对数千个不同的域实施更多的控制和简化的工作流。关于 Express.js/Fastify 多用户中间件技术，读者可访问 https://github.com/micheleriva/krabs。

- ❑ 更多的控制。虽然 Next.js 提供了创建健壮、完整用户体验的一切内容，但有些时候，应用程序的复杂度将不断增长，且需要使用不同的解决方案组织后端代码，如 MVC。此时，Next.js 仅仅是这一处理过程中的"视图"部分。

尽管自定义服务器可解决某些问题，但它也包含一些缺陷。例如，无法向 Vercel 部署一个自定义服务器，该平台由 Next.js 的作者发布，并针对该框架实现了高度优化。另外，还需要编写和维护更多的代码。如果读者在一个小团队或一家小公司中从事一个兼职项目，这可能是一个明显的不利因素。

稍后将考查如何通过流行的框架之一针对 Next.js 编写一个自定义服务器。

8.3　使用一个自定义 Express.js 服务器

编写一个自定义 Express.js 服务器并渲染 Next.js 页面比想象中的要简单。接下来创建一个新项目并安装下列依赖项。

```
yarn add express react react-dom next
```

一旦安装完这 4 个包，就可以开始编写自定义 Express.js 服务器。下面在项目的根中创建一个 index.js 文件，并导入所需的依赖项。

```
const { parse } = require('url');
const express = require('express');
const next = require('next');
```

当前需要实例化 Next.js 应用程序，对此，可在导入语句后添加下列代码。

```
const dev = process.env.NODE_ENV !== 'production';
const app = next({ dev });
```

编写 main 函数，该函数接收每一个输入的 GET 请求，并将其传递至 Next.js 供服务器端渲染。

```
async function main() {
  try {
    await app.prepare();

    const handle = app.getRequestHandler();
    const server = express();

    server
      .get('*', (req, res) => {
        const url = parse(req.url, true);
        handle(req, res, url);
      })
      .listen(3000, () => console.log('server ready'));
  } catch (err) {
    console.log(err.stack);
  }
}

main();
```

接下来将关注 main 函数及其内容。

首先等待 Next.js 应用程序已处于渲染就绪状态；随后实例化一个 handle 常量，该常量代表 Next.js 处理传入的请求。接下来创建 Express.js 服务器，并通过 Next.js 请求处理程序令其处理所有的 GET 请求。

通过创建一个新的 pages/ 目录和一个新的 pages/index.js 文件生成一个主页。

```
export default function Homepage() {
  return <div> Homepage </div>;
}
```

当尝试运行 node index.js 命令并访问 http://localhost:3000 时，将会看到显示于屏幕上的 Homepage 文本。

此外，还可利用下列内容创建一个新的 pages/greet/[user].js 文件，进而测试动态路由。

```
export function getServerSideProps(req) {
  return {
```

```
  props: {
    user: req.params.user,
  },
};
}

export default function GreetUser({ user }) {
  return (
    <div>
      <h1>Hello {user}!</h1>
    </div>
  );
}
```

访问 http://localhost:3000/greet/Mitch 后，将会在屏幕上看到一条 Hello Mitch!消息。不难发现，实现动态路由较为简单。

此后，我们可像往常一样持续开发 Next.js，与前述章节中的内容相比，相应过程并无太多区别，但如果未充分利用其潜力，自定义服务器的意义何在？

可以看到，当持有一个 Web 应用程序并打算以渐进方式迁移至 Next.js 中时，自定义服务器将十分有用。

下面重构服务器并加入更多功能，如下所示。

```
server
  .get('/', (req, res) => {
    res.send('Hello World!');
  })
  .get('/api/greet', (req, res) => {
    res.json({ name: req.query?.name ?? 'unknown' });
  })
  .listen(3000, () => console.log('server ready'));
```

正如所看到的，我们并未使用 Next.js 处理任何页面。相反，此处仅处理一个主页，以及一个/api/greet 伪 API。

当前需要创建一个新的/about 页面，并利用 Next.js 对其进行处理。对此，首先需要在/pages/about 路由下创建一个基于 Next.js 的页面。

```
export default function About() {
  return <div> This about page is served from Next.js </div>;
}
```

返回 index.js 文件中并编辑 main 函数，如下所示。

```
server
  .get('/', (req, res) => {
    res.send('Hello World!');
  })
  .get('/about', (req, res) => {
    const { query } = parse(req.url, true);
    app.render(req, res, '/about', query);
  })
  .get('/api/greet', (req, res) => {
    res.json({ name: req.query?.name ?? 'unknown' });
  })
  .listen(3000, () => console.log('server ready'));
```

下面使用一个不同的函数渲染 Next.js 页面，即 app.render 函数。

该函数接收下列参数：Express.js 的 request 和 response、渲染的页面以及解析后的查询字符串。

当启动服务器并访问 http://localhost:3000/about 后，将会看到一个空页面。如果查看该页面的网络调用，将会看到如图 8.1 所示的情形。

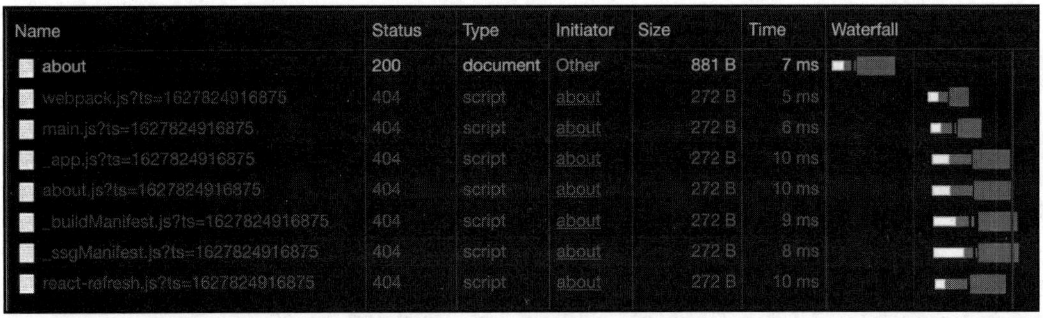

图 8.1　未找到 Next.js 脚本

此处，Next.js 以正常方式渲染当前页面，但查看 HTML 输出结果后发现该页面为白色。

注意，这里忘记了应通知 Express.js：每个路径以 _next/ 开始的静态数据资源必须由 Next.js 自身处理。这是因为，所有的静态数据资源（一般是 JavaScript 文件）负责将 React 导入浏览器中、处理水合作用并管理全部 Next.js 前端特性。

通过加入下列路由，可快速地修复这一问题。

```
// ...

await app.prepare();
```

```
const handle = app.getRequestHandler();
const server = express();

server
  .get('/', (req, res) => {
    res.send('Hello World!');
  })
  .get('/about', (req, res) => {
    const { query } = parse(req.url, true);
    app.render(req, res, '/about', query);
  })
  .get('/api/greet', (req, res) => {
    res.json({ name: req.query?.name ?? 'unknown' });
  })
  .get(/_next\/.+/, (req, res) => {
    const parsedUrl = parse(req.url, true);
    handle(req, res, parsedUrl);
  })
  .listen(3000, () => console.log('server ready'));
```

由于无法预测 Next.js 的静态数据资源名称，因此将使用一个正则表达式（/_next\/.+/）匹配每个路径以_next/开始的文件。随后通过 Next.js 处理方法处理这些文件。

接下来再次启动服务器，可以看到一切工作正常。

如前所述，当前开发基于 Next.js 页面时的开发体验并无太多变化，我们仍可访问_app.js 和_document.js 文件，且依然可使用内建的 Link 组件等。

稍后将讨论 Next.js 与另一个流行的 Node.js Web 框架之间的集成，即 Fastify。

8.4　使用自定义 Fastify 服务器

Fastify 是一个针对 Node.js 的优秀的 Web 框架。顾名思义，与其他框架（如 Express.js、Koa 和 Hapi）相比，Fastify 的速度更胜一筹。关于 Fastify 性能的更多内容，读者可查看官方的基准测试，对应网址为 https://github.com/fastify/benchmarks。

该 Web 框架由 Node.js 的一些核心成员开发和维护，如 Matteo Collina（Node.js 技术指导委员会成员）。可以想象，Fastify 背后的人员十分了解其运行期的工作方式，并对该框架实施了最大程度的优化。

Fastify 并不仅仅是性能出众，同时还兼顾了开发体验。此外，Fastify 还包含了一个健壮的插件系统，进而可轻松地编写自己的插件或中间件。对此，读者可访问

https://github.com/fastify/fastify 以了解更多内容。

　　Fastify 提供了一个官方插件，用于管理 Next.js 渲染的路由，即 fastify-nextjs，读者可访问 https://github.com/fastify/fastify-nextjs 查看其源代码。

　　下面创建一个空项目，并安装下列依赖项。

```
yarn add react react-dom fastify fastify-nextjs next
```

　　与前述示例相同，接下来将创建 3 个页面。

　　其中，/pages/index.js 下的主页实现如下所示。

```
export default function Homepage() {
  return <div> Homepage </div>;
}
```

/pages/about.js 下的/pages/about.js 页面实现如下所示。

```
export default function About() {
  return <div> This about page is served from Next.js </div>;
}
```

最后，/pages/greet/[user].js 下的动态页面（用于欢迎用户）实现如下所示。

```
export function getServerSideProps(req) {
  return {
    props: {
      user: req.params.user,
    },
  };
}

export default function GreetUser({ user }) {
  return (
    <div>
      <h1>Hello {user}!</h1>
    </div>
  );
}
```

　　接下来将对 Fastify 服务器进行编码，与 Express.js 服务器相比，其实现过程较为直接。下面在项目根中创建一个 index.js 文件，并添加下列内容。

```
const fastify = require('fastify')();

fastify
```

```
.register(require('fastify-nextjs'))
.after(() => {
  fastify.next('/');
  fastify.next('/about');
  fastify.next('/greet/:user');
});

fastify.listen(3000, () => {
  console.log('Server listening on http://localhost:3000');
});
```

启动服务器后，将能够渲染 index.js 文件中指定的所有页面。不难发现，与 Express.js 相比，当前实现过程更加简单。其间，仅需调用 fastify.next 函数渲染某个 Next.js 页面，甚至无须关注 Next.js 的静态数据资源，Fastify 将根据自身情况处理这些数据。

随后，可编写不同的路由处理不同的内容，如 JSON 响应、HTML 页面和静态文件。

```
fastify.register(require('fastify-nextjs')).after(() => {
  fastify.next('/');
  fastify.next('/about');
  fastify.next('/greet/:user');
  fastify.get('/contacts', (req, reply) => {
    reply
      .type('html')
      .send('<h1>Contacts page</h1>');
  });
});
```

可以看到，Next.js 与 Fastify 之间的集成十分简单。随后，就像使用 Express.js 一样，我们可实现任何内容，如编写一个普通的 Next.js Web 应用程序。

相应地，我们可创建_app.js 和_document.js 文件并自定义 Next.js 页面行为、集成 UI 库等。

8.5　本 章 小 结

本章考查了如何集成 Next.js，其中涉及两个十分流行的 Web 框架，即 Express.js 和 Fastify。除此之外，还可实现 Next.js 与其他框架之间的集成，具体过程并无太多差别。

当使用自定义服务器（Express.js、Fastify 或任何其他框架）时，需要注意的是，我们无法将其部署至某些供应商中，如 Vercel 或 Netlify。

　　从技术上讲，许多供应商（Vercel、Netlify、Cloudflare 等）提供了较好的方式处理 Node.js 应用程序，如无服务器功能，第 11 章将对此加以介绍。

　　在第 11 章中将会看到，Next.js 是一个运行在 Vercel 上高度优化的框架，而 Vercel 则是创建（和维护）这一框架的公司所提供的基础设施。当使用自定义服务器时，即会失去部署值这一基础设施的能力，从而降低优化和集成度。

　　另外，还存在一些其他选择方案，如 DigitalOcean、Heroku、AWS 和 Azure。自此，我们可将自定义 Next.js 服务器部署至所有这些支持 Node.js 环境的服务中。

　　第 11 章还将深入讨论 Next.js 的部署问题。当前，我们仅需关注其特性和集成即可。

　　针对集成而言，一旦我们为 Next.js 应用程序编写了某个页面、中间件或组件，就需要在将其部署至产品中之前测试它是否可正常工作。第 9 章将通过两个最为常见的测试库讨论单元测试和端到端测试的实现，即 Jest 和 Cypress。

第9章 测试 Next.js

测试过程是整个开发工作流中不可或缺的部分，并保证不会将 bug 引入代码中，也不会破坏任何已有的特性。

与测试 React、Express.js、Fastify 或 Koa 应用程序相比，测试 Next.js 并没有什么不同。实际上，可将测试过程划分为 3 个不同的阶段。

（1）单元测试。

（2）端到端测试。

（3）集成测试。

本章将详细考查这些概念。

如果读者具有 React 应用程序的编写经验，那么可在此基础上测试基于 Next.js 的站点。

本章主要包含下列主题。

❏ 测试和测试框架简介。

❏ 设置测试环境。

❏ 使用流行的测试运行程序、框架和实用工具库。

在阅读完本章内容后，读者将能够利用测试运行程序和测试库设置测试环境，并在将代码发送至产品中之前运行测试。

9.1 技 术 需 求

当运行本章示例代码时，需要在本地机器上安装 Node.js 和 npm。

如果读者愿意的话，还可使用在线 IDE，如 https://repl.it 或 https://codesandbox.io，二者均支持 Next.js，且无须在计算机上安装任何依赖项。另外，读者还可访问 GitHub 存储库查看代码库，对应网址为 https://github.com/PacktPublishing/Real-World-Next.js。

9.2 测 试 简 介

如前所述，测试是任何开发工作流中重要的组成部分，可将它划分为 3 个独立的测试阶段，如下所示。

（1）单元测试。这些测试旨在确保代码中的每个函数均可工作，并针对正确和错误的输入分别测试代码库的函数，断言其结果和可能的错误，以确保代码按照预期的方式工作。

（2）端到端测试。这种测试策略再现了典型的用户与应用程序之间的交互行为，确保应用程序在出现既定动作时响应于特定的输出结果，就像我们在 Web 浏览器上以手动方式测试站点一样。例如，当构建一个表单时，应确保表单以正确方式工作、验证输入内容，并在表单提交后执行特定的动作。另外，用户界面还应以期望的方式渲染，如使用特定的 CSS 类、加载特定的 HTML 元素等。

（3）集成测试。这一阶段应确保应用程序的各独立部分（如函数和模块）以一致方式协同工作。例如，断言两个函数经组合后生成特定的输出结果等。不同于单元测试（其中，我们单独测试函数），当采用集成测试时，应确保在给定一组不同的输入内容时，整个聚合后的函数和模块均可产生正确的输出结果。

尽管还可能存在其他测试阶段以及测试手段，但后续章节主要讨论上述测试，它们是测试工作流中的重要部分。在将代码部署至产品中时，建议应对各个阶段进行测试。

如前所述，与测试 React 应用程序或 Express.js/Fastify/Koa Web 服务器相比，测试 Next.js 并无太多不同之处。相应地，我们需要选取适宜的测试运行程序和库，以确保代码以期望方式工作。

对于测试运行程序，一般是指负责执行代码库中各项测试的工具，并收集覆盖率，随后在控制台中显示测试结果。如果测试运行程序失败（并以非 0 退出代码退出），则认为测试失败。

Node.js 和 JavaScript 生态圈针对测试运行程序提供了诸多方法，稍后将介绍两种较为流行的方案，即 Jest（针对单元和集成测试）和 Cypress（针对端到端测试）。

9.3　运行单元和集成测试

本节将通过 JavaScript 生态圈中最为流行的测试运行程序之一（Jest）编写一些集成测试和单元测试。

在安装所需的依赖项之前，需要克隆下列存储库：https://github.com/PacktPublishing/Real-World-Next.js/tree/main/09-testing-nextjs/boilerplate。其中包含了一个小型 Web 应用程序，并可用作测试编写示例。

这一简单的站点中涵盖下列特性。

❑　两个页面：即包含全部博客文章的主页和一个独立的文章页面。

❑　文章页面 URL 实现了下列格式：<article_slug>-<article-id>。

❑　一些实用工具函数负责创建页面的 URL，从文章 URL 中检索文章 ID 等。

❑　两个 REST API：一个 API 用于获取全部文章，另一个 API 则获取给定 ID 的特定文章。

在克隆的项目中安装下列依赖项。

```
yarn add -D jest
```

Jest 是读取测试所需的唯一依赖项，且充当测试框架和测试运行程序。Jest 提供了大量的特性，进而提升了开发（和测试）体验。

由于我们使用 ESNext"特性编写函数和组件，因此需要通知 Jest 使用默认的 Next.js babel 预置项以正确地转译这些模块。对此，可在项目根中创建一个.babelrc 文件，并添加下列内容。

```
{
  "presets": ["next/babel"]
}
```

Next.js 预先安装了 next/babel 预置项，因而无须再次安装。

此处不需要任何配置，因为当运行以.test.js 或.spec.js 结尾的文件时，我们已预先进行了配置。

关于如何编写和放置这些文件，还存在不同的解决方案。例如，一些人喜欢将测试文件置于源文件附近，而另一些人则偏好将全部测试置于 tests/目录中。这两种方法都不算错，具体操作取决于个人喜好。

🛈 注意：

Next.js 将置于 pages/目录中的每个.js、.jsx、.ts 和.tsx 文件视为应用程序页面。因此，不应将任何测试文件置于该目录中；否则，Next.js 将尝试作为一个应用程序页面对其进行渲染。稍后在编写端到端测试时，我们将讨论如何编写 Next.js 页面。

下面将从代码库中最简单的部分开始编写第一个测试，即实用工具函数。我们可创建一个新文件 utils/tests/index.test.js，并导入 utils/index.js 文件中的全部函数。

```
import {
  trimTextToLength,
  slugify,
  composeArticleSlug,
  extractArticleIdFromSlug
} from '../index';
```

当前，可针对 trimTextToLength 函数编写相应的测试，该函数接收两个参数，即一个字符串和截取长度，并在其末端添加一个省略号。我们使用这个函数预览文章主体，以吸引读者阅读整篇文章。

例如，考查下列字符串。

```
const str = "The quick brown fox jumps over the lazy dog";
```

在向其使用 trimTextToLength 函数后，将会看到下列输出结果。

```
const str = "The quick brown fox jumps over the lazy dog";
const cut = trimTextToLength(str, 5);
cut === "The q..." // true
```

我们将上述函数描述转换为代码，如下所示。

```
describe("trimTextToLength", () => {
test('Should cut a string that exceeds 10 characters', () => {
  const initialString = 'This is a 34 character long string';
  const cutResult = trimTextToLength(initialString, 10);
  expect(cutResult).toEqual('This is a ...');
  });
});
```

可以看到，我们使用了一些 Jest 的内建函数，如 describe、test 和 expect，其特定功能如下所示。

❑ describe 函数。该函数创建一组相关测试。例如，应该包含关于该函数内的相同函数或模块的测试。

❑ test 函数。该函数声明一个测试并运行该测试。

❑ expect 函数。针对固定数量的结果，该函数用于比较函数的输出结果。

可以看到，我们向 describe 组中加入了多项测试，以便对多个值测试函数。

```
describe("trimTextToLength cuts a string when it's too long, () => {
 test('Should cut a string that exceeds 10 characters', () => {
  const initialString = 'This is a 35 characters long string';
  const cutResult = trimTextToLength(initialString, 10);
  expect(cutResult).toEqual('This is a ...');
  });

 test("Should not cut a string if it's shorter than 10 characters",
   () => {

    const initialString = '7 chars';
```

```
      const cutResult = trimTextToLength(initialString, 10);
      expect(cutResult).toEqual('7 chars');
    }
  );
});
```

接下来在 slugify 函数中尝试编写自身的测试。

```
describe('slugify makes a string URL-safe', () => {
  test('Should convert a string to URL-safe format', () =>
    {
      const initialString = 'This is a string to slugify';
      const slugifiedString = slugify(initialString);
      expect(slugifiedString).toEqual('this-is-a-string-to-slugify');

    });
  test('Should slugify a string with special characters', () => {
    const initialString = 'This is a string to slugify!@#$%^&*()+';
    const slugifiedString = slugify(initialString);
    expect(slugifiedString).toEqual('this-is-a-string-to-slugify');
  });
});
```

接下来尝试对剩余函数实现相关测试。读者可访问 https://github.com/PacktPublishing/
Real-World-Next.js/blob/main/09-testingnextjs/unit-integration-tests/utils/tests/index.test.js 查
看完整的测试实现。

待所有剩余测试编写完毕，即可运行测试套件。出于简单和标准化考虑，可在
package.json 文件中创建一个新脚本。

```
"scripts": {
  "dev": "next dev",
  "build": "next build",
  "start": "next start",
  "test": "jest"
},
```

在控制台中输入 yarn test 命令，对应输出结果如图 9.1 所示。

对于一些更加复杂的测试，例如，打开 components/ArticleCard/index.js 文件后，将会
看到一个简单的 React 组件，该组件创建了一个指向 Next.js 页面的链接。

其中，通过生成预期的输出结果，测试了 composeArticleSlug 和 trimTextToLength 函
数（用于当前组件中）是否正确地集成。此外，当给定的一篇文章作为输入内容时，这
里还测试了显示的文本是否匹配固定的结果。

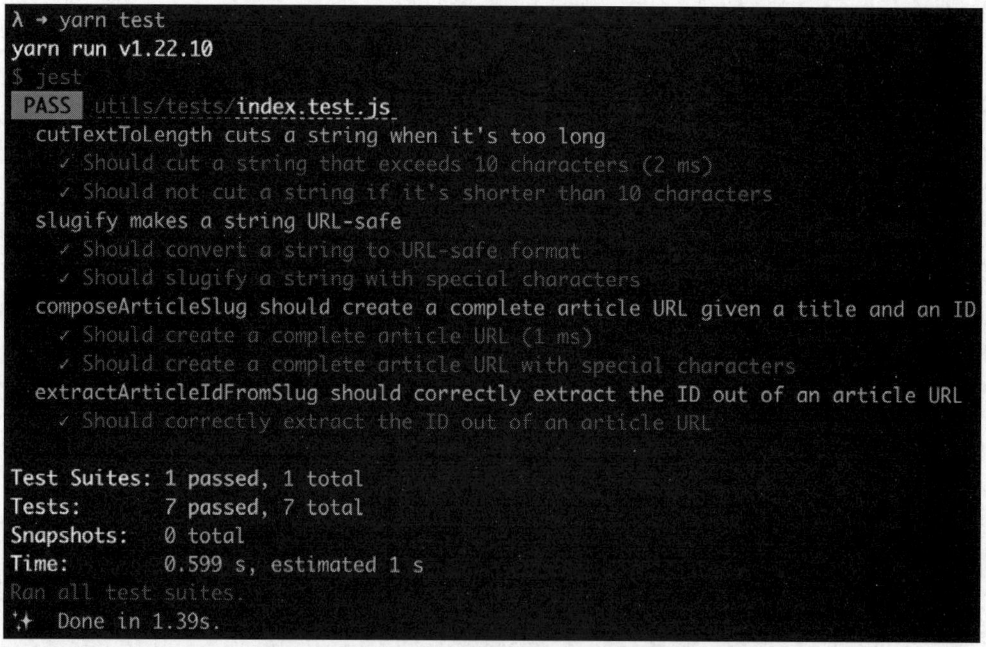

图 9.1　单元测试的输出结果

　　然而，Jest 自身并不足以测试 React 组件，还需要加载和写入这些组件以测试其输出结果，而特定的库在这方面则表现得较为出色。

　　react-testing-library 和 Enzyme 可被视为较为常见的方法。在当前示例中，我们将采用 react-testing-library。当然，读者也可尝试使用 Enzyme，并考查哪一种方案更加合适。

　　运行下列命令并安装 react-testing-library 包。

```
yarn add @testing-library/react
```

　　随后创建一个名为 components/ArticleCard/tests/index.test.js 的新文件。

　　在讨论测试实现之前，当前需要面向一个 REST API 测试 ArticleCard 组件，但在测试执行期间并不会运行服务器。目前，我们并不打算测试 API 是否响应于包含文章内容的正确的 JSON，而是作为输入检测给定的文章，对应组件将生成固定的输出结果。

　　也就是说，我们可方便地创建一个模拟数据，其中包含我们希望文章涵盖的全部信息，并将其作为输入内容提供给组件。

　　利用下列内容（访问本书的 GitHub 存储库并复制内容，对应网址为 09-testing-nextjs/unit-integration-tests/components/ArticleCard/tests/mock.js）创建一个名为 components/ArticleCard/tests/mock.js 的新文件。

```
export const article = {
  id: 'u12w3o0d',
  title: 'Healthy summer melon-carrot soup',
  body: 'Lorem ipsum dolor sit amet, consectetur adipiscing
    elit. Morbi iaculis, felis quis sagittis molestie, mi
    sem lobortis dui, a sollicitudin nibh erat id ex.',
  author: {
    id: '93ksj19s',
    name: 'John Doe',
  },
  image: {
    url:'https://images.unsplash.com/photo-1629032355262-d751086c475d',
    author: 'Karolin Baitinger',
  },
};
```

　　如果尝试运行 Next.js 服务器，则将会看到 API（而非 pages/api/）将返回一个文章数组，或者与模拟数据具有相同格式的一篇文章。

　　最后编写测试。打开 components/ArticleCard/tests/index.test.js 文件，并导入 react-testing-library 函数、组件、模拟数据和希望测试的实用工具。

```
import { render, screen } from '@testing-library/react';
import ArticleCard from '../index';
import { trimTextToLength } from '../../../utils';
import { article } from '../tests/mock';
```

　　接下来编写第一个测试用例。打开 ArticleCard 组件后将会看到一个封装了整个卡片的 Next.js Link 组件。该链接的 href 格式应为/articles/<article-title-slugified>-id 格式。

　　作为首个测试用例，我们将测试是否存在一个链接。其中，href 属性等于/articles/healthy-summer-meloncarrot-soup-u12w3o0d（即模拟数据中的可以看到的标题和文章 ID）。

```
describe('ArticleCard', () => {
  test('Generated link should be in the correct format', () => {
    const component = render(<ArticleCard {...article} />);
    const link = component.getByRole('link').getAttribute('href');
    expect(link).toBe('/articles/healthy-summer-meloncarrot-soup-u12w3o0d');
  });
});
```

　　当前，采用 react-testing-library 的 render 方法加载和渲染组件，随后获取链接并析取其 href 属性。最后，我们将该属性值与固定字符串（即期望值）进行测试。

　　这里的一个问题是，如果尝试运行当前程序，则将会在控制台中看到下列错误信息。

```
The error below may be caused by using the wrong test environment,
see https://jestjs.io/docs/ configuration#testenvironment-string.
Consider using the "jsdom" test environment.
```

其原因在于，react-testing-library 依赖于浏览器的文档全局变量，而该变量在 Node.js 中无法得到。

通过将 Jest 环境修改为 JSDOM 可快速解决这一问题。这里，JSDOM 是一个库，出于测试目的，JSDOM 提供了浏览器的大部分特性。此处无须安装任何内容，仅需在 import 语句之后、测试文件开始处添加下列注释内容，Jest 负责执行剩余内容。

```
/**
 * @jest-environment jsdom
 */
```

如果在终端中运行 yarn test 命令，那么测试过程将按照预期方式进行。

在 ArticleCard 组件中，我们展示了文章主体的简要内容，进而吸引读者阅读整篇文章。该组件使用了 trimTextToLength 函数将文章的主体内容剪裁至 100 个字符这一最大长度。因此，在渲染后的组合中，我们期望看到前 100 个字符，如下所示。

```
describe('ArticleCard', () => {
  test('Generated link should be in the correct format', () => {
    const component = render(<ArticleCard {...article} />);
    const link = component.getByRole('link').getAttribute('href');
    expect(link).toBe(
      '/articles/healthy-summer-meloncarrot-soup-u12w3o0d'
    );
  });
  test('Generated summary should not exceed 100 characters',
    async () => {
      render(<ArticleCard {...article} />);
      const summary = screen.getByText(
        trimTextToLength(article.body, 100)
      );
      expect(summary).toBeDefined();
    });
});
```

此处，我们渲染了整个组件，随后生成文章摘要并期望在文档中退出。

上述基本示例通过 Jest 和 react-testing-library 展示了如何测试代码库。当编写真实的应用程序时，还需要面向错误数据测试组件，进而查看是否能够以正确方式处理错误，如抛出一条错误，或者在屏幕上显示一条错误信息等。

测试并不是一个简单的话题，因而需要认真对待，以帮助我们避免向现有的代码库中引入不完善的代码或退化现象（如破坏之前工作良好的组件）。关于如何使用 react-testing-library 测试 React 组件，读者可阅读 Scottie Crump 编写的 *Simplify Testing with React Testing Library* 一书。

当前测试尚不完善，如尚未测试全页面渲染、API 是否可发送回正确的数据，以及页面间是否能够实现正确的导航。这些都是端到端测试所关注的问题，稍后将对此加以讨论。

9.4　利用 Cypress 进行端到端测试

Cypress 是一个功能强大的测试工具，并可测试运行于 Web 浏览器上的任何内容。

当在 Firefox 和基于 Chromium 的浏览器（如 Google Chrome）上运行 Cypress 时，Cypress 可高效地编写和运行单元测试、集成测试和端到端测试。

截至目前，我们针对函数和组件的正确工作方式编写了相应的测试。下面将测试整个应用程序是否按照正确方式工作。

对于 Cypress，需要将其作为 dev 依赖项在项目中进行安装。对此，可使用之前的项目或者克隆下列存储库以创建一个"干净"的项目：https://github.com/PacktPublishing/Real-World-Next.js/tree/main/09-testing-nextjs/unit-integration-tests。

在终端中输入下列命令并安装 Cypress。

```
yarn add -D cypress
```

待 Cypress 安装完毕后，添加下列脚本并编辑 package.json 主文件。

```
"scripts": {
  "dev": "next dev",
  "build": "next build",
  "start": "next start",
  "test": "jest",
  "cypress": "cypress run",
},
```

另外还需要创建 Cypress 配置文件。对此，在项目根中编写一个 cypress.json 文件，并包含下列内容。

```
{
  "baseUrl": http://localhost:3000
}
```

当运行测试时，上述代码将查看位置通知于 Cypress。在当前示例中，对应位置为
localhost:3000。在一切就绪后，接下来编写第 1 个测试。

根据惯例，可将端到端测试置于存储库根级别处的 cypress/文件夹中。

下面将编写一个简单的测试，并验证 REST API 是否以正确方式工作。

打开 pages/api/文件夹后，可以看到下列两个不同的 API。

（1）articles.js，该 API 返回一个文章列表。

```
import data from '../../data/articles';
export default (req, res) => {
  res.status(200).json(data);
};
```

（2）article/index.js，该 API 接收一个文章 ID 作为查询字符串，并返回包含该 ID 的
一篇文章。

```
import data from '../../../data/articles';
export default (req, res) => {
  const id = req.query.id;
  const requestedArticle = data.find(
    (article) => article.id === id
  );
  requestedArticle
    ? res.status(200).json(requestedArticle)
    : res.status(404).json({ error: 'Not found' });
};
```

创建名为 ypress/integration/api.spec.js 的第 1 个 Cypress 测试文件，并添加下列内容。

```
describe('articles APIs', () => {
  test('should correctly set application/json header', () => {
    cy.request('http://localhost:3000/api/articles')
      .its('headers')
      .its('content-type')
      .should('include', 'application/json');
  });
});
```

这些 API 与 Jest API 稍有不同，但依然包含一些相同的思想。据此，我们可描述来
自服务器的响应结果，并面向固定值对其进行测试。

在上述示例中，我们仅测试了 HTTP 头是否包含 content-type=application/json 头。

此外还应测试状态码，且应等于 200。

```
describe('articles APIs', () => {
  test('should correctly set application/json header', () => {
    cy.request('http://localhost:3000/api/articles')
      .its('headers')
      .its('content-type')
      .should('include', 'application/json');
  });
  test('should correctly return a 200 status code', () => {
    cy.request('http://localhost:3000/api/articles')
      .its('status')
      .should('be.equal', 200);
  });
});
```

对于更复杂的测试用例，还可测试 API 输出结果是否为一个对象数组。其中，每个对象必须包含最小属性集，具体测试实现如下所示。

```
test('should correctly return a list of articles', (done) => {
  cy.request('http://localhost:3000/api/articles')
    .its('body')
    .each((article) => {
      expect(article)
        .to.have.keys('id', 'title', 'body', 'author', 'image');
      expect(article.author).to.have.keys('id', 'name');
      expect(article.image).to.have.keys('url', 'author');
      done();
    });
});
```

可以看到，我们使用了.to.have.keys 方法测试返回对象是否包含函数参数中指定的全部键。

另一点需要注意的是，该操作在 each 循环中完成。基于这一原因，一旦测试了全部所需属性，就需要调用 done 方法（参见代码中的粗体部分），因为 Cypress 无法控制 each 回调中代码的返回时机。

下面编写另一组测试，并查看是否能够根据给定的固定文章 ID 获取一篇文章。

```
test('should correctly return a an article given an ID', (done) => {
  cy.request('http://localhost:3000/api/article?id=u12w3o0d')
    .then(({ body }) => {
      expect(body)
        .to.have.keys('id', 'title', 'body', 'author', 'image');
      expect(body.author).to.have.keys('id', 'name');
```

```
    expect(body.image).to.have.keys('url', 'author');
    done();
  });
});
```

另外，如果对应文章不存在，还需要测试服务器是否返回 404 状态码。对此，需要对 request 方法稍作调整，因为默认状态下，当状态码大于或等于 400 时，Cypress 将抛出一个错误。

```
test('should return 404 when an article is not found', () => {
  cy.request({
    url: 'http://localhost:3000/api/article?id=unexistingID',
    failOnStatusCode: false,
  })
  .its('status')
  .should('be.equal', 404);
});
```

这里的问题是，当运行 yarn cypress 命令时，将会看到如图 9.2 所示的错误消息。

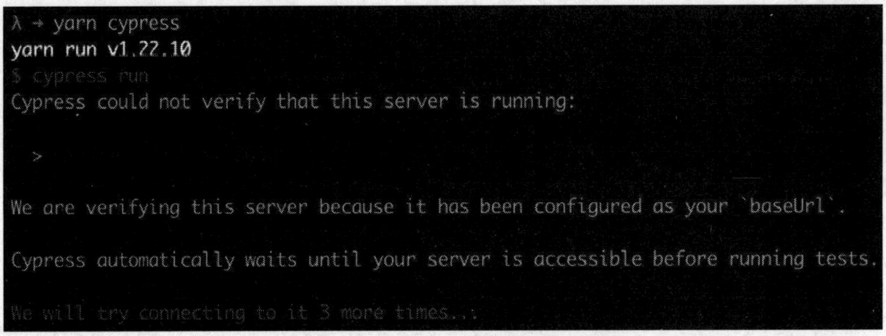

图 9.2　Cypress 无法连接至服务器

实际上，Cypress 面向真实的服务器运行测试，当前尚无法实现这一要求。对此，可添加下列依赖项处理该问题。

```
yarn add -D start-server-and-test
```

这将帮助我们构建和启动服务器，一旦完成就会运行 Cypress。针对于此，需要编辑 package.json 文件。

```
"scripts": {
  "dev": "next dev",
  "build": "next build",
  "start": "next start",
```

```
"test": "jest",
"cypress": "cypress run",
"e2e": "start-server-and-test 'yarn build && yarn start'
http://localhost:3000 cypress"
},
```

当尝试运行 yarn e2e 命令时，可以看到测试以正确方式通过。

下面创建最后一个文件，并于其中测试页面间的导航。相应地，创建 cypress/
integration/navigation.spec.js 文件并添加下列内容。

```
describe('Navigation', () => {
  test('should correctly navigate to the article page', () => {
    cy.visit('http://localhost:3000/');
    cy.get('a[href*="/articles"]').first().click();
    cy.url().should('be.equal',
    'http://localhost:3000/articles/healthy-summer-meloncarrot-
     soup-u12w3o0d');
    cy.get('h1').contains('Healthy summer melon-carrot soup');
  });
  test('should correctly navigate back to the homepage', () => {
    cy.visit('http://localhost:3000/articles/
      healthy-summer-meloncarrot-soup-u12w3o0d');
    cy.get('a[href*="/"]').first().click();
    cy.url().should('be.equal', 'http://localhost:3000/');
    cy.get('h1').contains('My awesome blog');
  });
});
```

在第 1 个测试用例中，我们将请求 Cypress 访问站点的主页。随后查找 href 属性包含
/articles 的全部链接。然后单击第 1 个出现的 URL，并期望新的 URL 等于一个固定值
（http://localhost:3000/articles/healthy-summer-meloncarrot-soupu12w3o0d）。

另外，我们还将测试<h1>是否包含正确的标题。该测试说明如下。

❑　我们可在页面间导航，链接未被破坏。当然，我们应针对链接添加更多的测试，
而当前仅需对相关概念加以考查。

❑　Next.js 服务器正确地请求和处理正确的数据，因为可在渲染页面中获取正确的
标题。

在第 2 个用例中，我们请求 Cypresss 访问某一篇文章页面，随后单击链接返回主页
面中。再次说明，我们测试了新 URL 是否正确，以及<h1> HTML 元素是否包含了正确
的主页标题。

　　当然，这些测试并不完整，因为我们还需要检查站点的行为是否在浏览器之间保持一致（特别是我们执行了大量的客户端渲染操作）、已有的表单是否通过正确的方式予以验证，并向用户生成准确的反馈内容等。

　　类似于单元测试和集成测试，端到端测试也是一个复杂的话题，且需要在将代码发布至产品中之前进行处理，进而确保产品的质量（包含较少的 bug 并有效地控制退化现象）。

　　关于 Cypress 的更多内容，建议读者阅读 Waweru Mwaura 编写的 *End-to-End Web Testing with Cypress* 一书。

9.5　本 章 小 结

　　本章考查了如何利用流行的库和测试运行程序编写单元、集成和端到端测试，如 Cypress、Jest 和 react-testing-library。

　　本章中曾多次提及，测试是应用程序开发和发布过程中不可或缺的组成部分，并应予以足够的重视，这在成功的产品中体现的尤为明显。

　　第 10 章将讨论 SEO 和性能。即使代码通过 100%测试、经过良好的设计且工作正常，但依然需要考查其 SEO 评级和性能问题。许多时候，大量的用户会浏览我们的应用程序，因而需要关注搜索引擎的优化问题。

第 10 章 与 SEO 协同工作和性能管理

SEO（即搜索引擎优化）和性能是两个较为重要的话题，且需要在开发阶段作为一个整体加以考量。

虽然在 Next.js 方面提供了多种增强方案以改进性能并实施了 SEO 最佳实践方案，但是，我们仍需要了解应用程序可能会在哪些地方出现问题，进而导致较差的搜索引擎索引和用户体验。

本章主要包含下列主题。

☐ 选择适宜的应用程序渲染方法（SSR、SSG 和 CSR）。

☐ 导致应用程序性能较差的时机。

☐ 如何使用 Vercel Analytics 模块。

☐ 有助于编写 SEO 友好的 Web 应用程序的工具。

在阅读完本书后，针对 SEO 和性能，我们将能够优化 Web 应用程序，其间涉及处理此类复杂问题的一些最佳实践方案和工具。

10.1 技 术 需 求

当运行本章示例代码时，需要在本地机器上安装 Node.js 和 npm。

如果读者愿意的话，还可使用在线 IDE，如 https://repl.it 或 https://codesandbox.io，二者均支持 Next.js，且无须在计算机上安装任何依赖项。另外，读者还可访问 GitHub 存储库查看代码库，对应网址为 https://github.com/PacktPublishing/Real-World-Next.js。

10.2 SEO 和性能简介

自首个重要的搜索引擎出现以来，开发人员一直不断地优化其 Web 应用程序，以在 Google、Bing、Yandex、DuckDuckGo 以及其他较为流行的搜索引擎的搜索结果中获取较好的排名。

随着前端 Web 框架的不断发展，情况也变得越加复杂。虽然 React、Angular、Vue 等提供了较好的方法处理复杂的 UI，但它们也增加了网络爬虫（负责将站点索引至搜索引擎的机器人）的工作难度。同时，这些框架需要执行 JavaScript、等待 UI 渲染，以及索引高度动态的 Web 页面。除此之外，许多内容在初始化状态下处于隐藏状态。因为这些内容是由 JavaScript 于前端直接在用户交互之后动态生成的。

这导致许多问题的出现。之前，Web 基本上是在服务器端渲染的，UI 中仅通过 JavaScript 加入少量动态效果。

尽管上述描述有些夸大，但 React、Angular、Vue 和其他框架在开发领域引入了重大的创新，开发人员肯定不会轻易地放弃它们。

针对上述问题，Next.js 可被视为一种解决方案。虽然某些框架仅关注 SEO 和性能，即在构建期以静态方式生成全部网页（所导致的种种限制可参见第 2 章），但 Next.js 可以让我们确定哪些页面需要以静态方式生成并在服务器端被渲染，以及哪些组件需要以独占方式在客户端上被渲染。

第 2 章曾讨论了这些渲染方法之间的差别，稍后将通过一些真实的示例考查渲染一个 Web 页面时如何利用 Next.js 选择相应的渲染策略。

10.3　基于性能和 SEO 的渲染策略

取决于所构建的站点或 Web 应用程序，我们可选取不同的渲染策略。

每种渲染策略均包含自身的优缺点。对于 Next.js，较好的一面是不存在妥协方案。相反，我们可针对 Web 应用程序中的每个页面选择最佳渲染策略。

因此，很难想象如果缺少 Next.js，情况会变得怎样。

假设需要利用 React 构建一个 Web 应用程序，但需要在渲染策略间予以妥协。

客户端渲染可被视为一个较好的开始点。通常情况下，应用程序将被部署为一个 JavaScript 包，它将在被下载至 Web 浏览器中后动态生成 HTML 内容。这里，性能将表现得十分出色，因为全部计算均在客户端完成。另外，用户体验同样良好，用户会觉得自己在使用本地应用程序。另外，我们需要解决 SEO 问题，因为客户端渲染增加了搜索引擎机器人的工作难度。

其次需要考虑服务器端渲染。我们将在服务器端渲染对 SEO 较为重要的全部内容，并让客户端生成其余内容。这可能是安全方面的最佳选择方案，因为我们可在后端隐藏大量数据获取、验证和敏感 API 的调用。虽然这可被视为一种较好的替代方案，但依然存在某些缺陷。通过客户端渲染，我们已经了解了如何将应用程序打包至一个独特的 JavaScript 文件中。通过 SSR，我们需要设置、维护和扩展服务器。随着流量的不断增加，速度也将随之变慢，开销也将进一步增长且难以维护，因而不得不将目光转向第 3 种方案。

最后一种选择方案是在构建期以静态方式生成整个网站。在性能方面，我们将实现最佳方案。虽然 SEO 评级显著增长，但仍然包含某些明显的缺陷。

如果与 SEO 相关的敏感内容频繁地发生变化，可能需要在数个小时内多次重新渲染整个站点。对于大型站点来说，这将导致明显的问题，因为构建机制将占用较长的时间。另外，用户安全处理也将变得困难，因为每次敏感的 API 调用（出现于构建阶段之后）或计算将以独占方式出现于客户端上。

上述选择方案回顾如下。

❑　客户端渲染（CSR）：较好的性能、高动态内容，但 SEO 和安全性较差。

❑　服务器端渲染（SSR）：较好的 SEO 和安全性，但性能较差且服务器管理较为困难。

❑　静态站点生成（SSG）：最佳的性能和 SEO 评级，但缺少安全性和高动态内容。

综上所述，我们可充分地利用 Next.js 提供的各种功能。

相应地，我们无须选择某种单一的方法实现 Web 应用程序；相反，我们可综合全部方案构建 Web 应用程序，如图 10.1 所示。

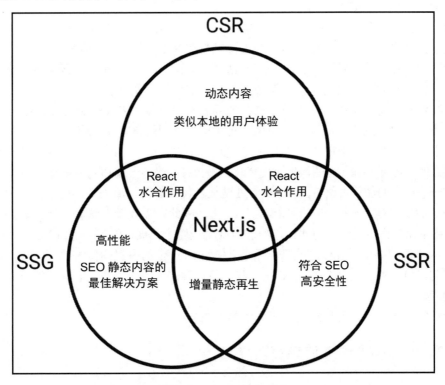

图 10.1　Next.js 渲染策略

Next.js 的一个关键特性是，能够选择在服务器上渲染一个页面，或者在构建期（甚至在整个客户端）生成该页面。

基于这种可能性，取决于各部分的功能，可将站点视为不同部分的组合，并以不同方式渲染。

稍后将考查如何在真实的站点示例中选择正确的渲染方案。

10.3.1　真实站点示例后的推理

假设正在构建一个照片库站点。用户可更新其照片并接收反馈消息，平台上的其他用户还可对图片进行投票。用户登录该站点后，主页将显示包含用户信息的图像列表。单击任意图片将打开图像细节页面，其中可查看评论、反馈信息和照片背后的历史信息。

基于这些信息，可开始考虑如何渲染站点的各部分内容。

首先，我们知道主页内容根据用户浏览它的方式而变化。随后，可排除构建期内在主页上以静态方式生成的图像列表，因为这些内容是高度动态的。

相应的选取方案如下所示。

❑　为图像提供相应的占位符，并以静态方式渲染主页。取决于用户是否登录或者关注网站中的某些用户，这些占位符将在 React 水合作用后在客户端上被加载。

❑　可在服务器端渲染页面。基于会话 Cookie，可知用户是否已经登录。在将页面发送至客户端之前，可在服务器上预先渲染该图像列表。

需要注意的是，当处理这一特定的图像列表时，当前并未关注 SEO。Google 机器人将永远不会登录该站点，因为没有理由为每个用户不同的自定义内容建立索引。

关于性能问题，在确定如何渲染主页之前，还需要考查多项因素。如果用于生成自定义图像流的 API 足够快，且图像经高度优化，那么可在服务器端预先渲染整个列表；否则，可生成一些漂亮的加载占位符，当等待 API 响应和图像在前端渲染时，可向用户予以显示。

最坏的情况是，API 较慢且图像未经优化。因此，需要针对这种可能性做好相应的准备。接下来，我们决定在构建期以静态方式生成整个页面，但需要等待 React 水合作用以生成 API 调用并生成优化的图像（可能会使用 Next.js 的内建图像组件，参见第 3 章）。

因此，最终的方案是 SSG 和 CSR。我们将以静态方式生成主页，并在客户端上创建图像列表。

稍后将考查处理图像详细信息页面的最佳方式。

10.3.2　渲染图像详细信息页面

渲染图像详细信息，需要生成一个图像页面模板。此处将渲染用户提供的照片及其描述内容、标签和其他用户发布的评论和反馈信息。

此时，对应页面应被搜索引擎索引化，因为其内容并不取决于用户会话或其他变量。

再次说明，我们需要选择如何渲染当前页面。如前所述，SEO 十分重要，因此应排除全客户端渲染这一选项。相应地，应在构建期静态生成该页面，或者基于每次请求的服务器端渲染页面之间进行选择。

可以看到，每种选择均有助于 SEO。但错误的决定将会在扩展站点时产生性能问题。针对特定应用，下面将比较 SSG 和 SSR 之间的优缺点。

1．针对动态图像，静态站点生成的优缺点

针对特定类型的应用程序，静态站点生成包含下列优点。

- 一旦在构建期生成了一个静态页面，服务器无须基于每次请求渲染该页面，进而降低服务器的加载和基础设施的成本，并在高度负载的情况下轻松地实现可扩展性。
- 图片的作者可能希望在生成后修改某些静态内容。然而，此时我们并不希望等待以出现下一次构建。如果内容发生变化，仅需采用增量静态再生即可，如每 30 min 在服务器上重新渲染静态页面。
- 页面性能可能处于最佳状态。
- 动态部分（如评论和点赞数量，这对于 SEO 来说可能并不重要）可稍后在客户端上予以渲染。
- 若用户希望加入新图片，对于站点上的图像显示，无须等待至下一次构建。实际上，可设置 getStaticPaths 函数的返回对象中的 fallback:true 参数，以使 Next.js 在请求期以静态方式渲染一个新页面。

当在构建期渲染此类 Web 页面时，静态站点生成的缺点是，如果持有数千个页面，构建站点将占用大量的时间。在为动态路由选择 SSG 时应注意，未来可能支持多少动态页面？生成它们需要多少构建过程？

接下来讨论单一图片详细信息页面服务器端渲染的优缺点。

2．动态页面服务器端渲染的优缺点

与特定页面的静态站点生成相比，服务器端渲染的优势较为明显。

首先，如果用户修改了页面内容，则无须等待增量静态重生成的出现。一旦图片作者修改了相片的信息，就可以在产品页面上看到反映变化结果。

第 2 个优点则更为重要。如前所述，当生成大量的静态页面时，SSG 将占用较长的

时间。通过在请求期渲染页面，服务器端渲染解决了这一问题，并提升了整个部署管线的运行速度。

当考查大型站点时，如 Google 和 Facebook，即会理解为何在构建期生成这些页面会导致问题。如果仅渲染数十或数百个页面，站点尚工作良好；而对于数百万或数亿个页面，站点将会出现明显的瓶颈。

在当前示例中，我们期望持有数千幅图片，且每幅图片均包含详细信息页面。因此，最终决定采取服务器端渲染。

另一种选择方案是在构建期生成受欢迎的页面（假设前 1000 个页面），随后通过"回退"属性在运行期生成页面。

当前，仅需针对私有路由定义渲染策略。其中，用户可修改自己的个人详细信息。稍后将对此加以讨论。

10.4　私　有　路　由

私有页面并不意味着每个用户都可以访问该页面。相反，用户应通过登录方式予以访问，并包含管理账户设置所需的基本信息（如用户名、密码、电子邮件等）。

也就是说，此处主要关注安全问题，而非 SEO 问题。包含于这些页面中的数据具有一定的敏感性，且需要不遗余力地对其加以保护。

这里，我们希望牺牲一些性能从而提高站点的安全性，尽管此类情况较为少见。

我们可通过静态方式快速地生成私有路由，随后在客户端上生成全部所需的 API 调用。但如果处理不当，这有可能会泄露某些个人（私有）数据。相反，我们将采用服务器端渲染策略检测匿名用户，随后渲染页面并执行重定向操作。另外，如果用户生成登录请求，则可在后端预先加载全部数据，并通过 getServerSideProps 将其传递至客户端。在将数据传输至客户端时，这将显著地提升安全性。

之前定义了如何管理私有路由，并完成了基本的渲染策略分析。接下来将快速回顾我们做出的决策。

10.5　快　速　回　顾

前述内容根据在图片网站上渲染的页面类型制定了一些决策。

这一分析过程十分重要，每个网站都应对此有所考量。如果打算向已有的 Next.js 站点中添加信息页面，那么就需要执行类似的分析，进而选择最佳方案以获取较好的性能、安全性和 SEO 结果。

图片库站点涵盖下列结构。

❑ 主页。除了自定义图像列表之外，将以静态方式生成整个主页。前者将根据用户浏览内容在客户端上进行渲染。

❑ 图像详细信息页面。可选择服务器端渲染（允许我们针对 SEO 优化页面，并可将站点扩展至高达数百万个不同图像的详细信息页面）或者以静态方式在构建期生成较为常用的页面，随后通过"回退"属性在运行期生成缺失的页面。

❑ 私有页面。我们将在服务器端渲染这些页面，并在渲染页面之前确定用户是否登录。另外，我们还能够在服务器端获取全部私有数据，并从前端隐藏对应的API 调用。

在第 13 章中，我们将需要制定此类决策，并构建真实的 Next.js 电子商务网站。然而，在进一步讨论之前，首先应思考如何重建你最喜欢的站点。

例如，Facebook、Google、YouTube、Amazon 这些网站均包含了特定的需求、安全条件以及 SEO 规范。那么，你会怎样看待这些问题呢？这些网站是如何处理这些特性的？

稍后将通过一些开源工具帮助我们处理搜索引擎机器人，仅改进 SEO。

10.6　处理 SEO

Next.js 中的 SEO 与其他框架并没有什么不同。搜索引擎机器人对此不会产生任何影响，它们仅关注网站的内容和质量。因此，即使 Next.js 试图简化内容，但我们仍需要遵守特定的规则，在搜索引擎规范的基础上开发网站，进而获取较好的索引排名。

在给定了 Next.js 提供的渲染功能后，我们即会了解到，特定的决策可能会对最终的SEO 评级带来负面影响（如在客户端上渲染重要的数据）。前述内容已对此有所介绍，因而这里不再赘述。

在开发站点时，可能会存在一些特殊的 SEO 指标并超出我们的控制范围。域名权、推荐域名、页面浏览量、点击率和市场份额仅是其中的一部分内容。虽然不太可能在开发过程中改进这些指标（它们一般是站点上良好内容管理的产物），但是，我们应尽最大努力通过编写站点代码予以改进。

这包括一系列的优化措施和开发方法，如下所示（包含但不仅限于）。

❑ 创建 SEO 友好的路由结构。对于正确索引站点的搜索引擎机器人来说，良好的路由系统是必不可少的。相应地，URL 应具备一定的友好性，并根据特定的逻

辑构成。例如，当创建一个博客时，URL 结构应仅通过查看页面 URL 帮助用户
识别页面内容。虽然 https://myblog.com/posts/1 这一类 URL 易于处理，但却使
博客用户难以阅读（对于搜索引擎也是如此），因为通过查看页面地址，我们
无法得知与内容相关的逻辑。相比之下，https://myblog.com/posts/how-to-deal-
with-seo 则是较好的 URL，并告诉我们该页面与 SEO 及其处理方式相关。

❑ 利用正确和完整的元数据填写页面。第 3 章曾介绍了如何处理元数据，这些重要
的数据应包含在页面中且无一例外。针对于此，某些库可显著地降低开发时间，
并可在开发期间管理元数据，如 next-seo（https://github.com/garmeeh/next-seo）。

❑ 优化图像。前述内容讨论了如何优化图像。对此，我们协同 Google Chrome 团
队开发出了一些内建组件，以对图像提供较好的支持，这一点也在 SEO 指标中
有所反映（如 Cumulative Layout Shift 和 First Contentful Paint）。

❑ 生成适宜的网站地图。当准备部署一个站点时，可向搜索引擎提交一份网站地
图，以帮助它们索引内容。制作良好的网站地图对于任何站点来说都是不可或缺
的，并可为搜索引擎创建一个整洁、结构化的路径以索引该站点。关于网站地图
的创建，Next.js 当前并未提供内在的支持，但存在一些库可实现这一功能，如
nextjs-sitemap-generator（https://github.com/IlusionDev/nextjs-sitemap-generator）。

❑ 使用正确的 HTML 标签。采用语义 HTML 标签构建一个站点是十分重要的，进
而通知机器人如何根据优先级和重要程度索引相关内容。例如，虽然我们总是
希望内容被索引，但对于每项文本内容，采用<h1>标签并非 SEO 的最佳选择方
案。通常，我们需要找到相应的平衡方案，以使 HTML 标签对用户和搜索引擎
机器人均具有一定的意义。

处理 SEO 并非一项简单的任务，且一直以来颇具挑战性，而且在未来的日子里，随
着新技术和新规则的不断涌现，处理难度只会越来越大。但好的一面是，每个站点的规
则都是相同的，因此，相关经验（包括框架、CMS 和开发工具）同样适用于 Next.js，进
而可轻松地创建更加优化的站点。

另一个影响 SEO 的指标是性能，这同样是一个重要的话题，稍后将对此加以讨论。

10.7　处理性能问题

性能和 SEO 是任何 Web 应用程序中十分重要的两个主题。特别地，性能可能会影响
到 SEO 的评级，较差的性能将会降低 SEO 的评级。

　　本章前述内容曾有所提及，选取正确的渲染策略将有助于改进性能，但有些时候，出于安全性和业务逻辑方面的考虑。我们需要在性能问题上做出一定的妥协。

　　另一个可潜在地提升（或降低）性能的关注点则是部署平台。例如，如果将一个 Next.js 静态站点部署至一个 CDN 上，如 Cloudflare 或 AWS Cloudfront，那么将很可能获得较好的性能。另外，将服务器端渲染的应用程序部署至一个较小的廉价服务器上将会导致问题的出现。一旦开始扩展站点，且服务器尚未就绪以处理所有的传入请求，那么这就会导致较差的性能。第 11 章将深入讨论这一话题。当前，我们仅需记住，部署平台同样是性能分析过程中的一个重要话题。

　　当谈及性能时，除了服务器端指标，甚至前端性能也是必不可少的、若未经仔细处理，这可能会导致较差的 SEO 评级和用户体验。

　　自 Next.js 10 发布以来，Vercel 团队发布了一个新的内建功能并可用于页面中，即 reportWebVitals。

　　reportWebVitals 与 Google 协同开发，因而可收集与前端性能相关的有价值的信息，其中包括以下信息。

- ❑　最大内容绘制（LCP）：这将度量加载性能——初始页面加载应在 2.5 s 内出现。
- ❑　第一输入延迟（FID）：这将度量页面交互的时间量，且应小于 100 ms。
- ❑　累积布局偏移（CLS）：这将度量视觉稳定性。在讨论图像时曾提及，较大的图像将占用较长的加载时间。一旦出现这种情况，就会偏移布局，导致用户丧失所关注的内容。这里，图像是一个较为典型的示例，此外还包含其他元素，如 ADV 横幅、第三方微件等。

　　当部署 Next.js 站点时，可启用平台跟踪这些值，进而帮助我们了解真实数据上的 Web 应用程序性能。对此，Vercel 提供了一个制作良好的仪表板。据此，我们可跟踪部署状况，以及影响站点整体性能的多项因素。接下来将考查仪表板示例，如图 10.2 所示。

　　可以看到，图 10.2 中的仪表板显示了整体站点的平均数据。虽然 CLS 和 FID 值令人满意，但 FCP 和 LCP 仍存在改进空间。

　　如果读者不打算将 Web 应用程序托管在 Vercel 上，还可在_app.js 页面上通过 reportWebVitals 函数收集数据，如下所示。

```
export const reportWebVitals = (metrics) => console.log(metrics);
export default function MyApp({ Component, pageProps }) {
  return <Component {...pageProps} />;
}
```

图 10.2　Vercel 分析仪表板

根据该函数，每次输入一个新页面时，可在控制台中看到如图 10.3 所示的输出结果。

随后可决定将数据发送至外部服务，如 Google Analytics 或 Plausible，以及采集有用的信息。

```
export const reportWebVitals = (metrics) =>
  sendToGoogleAnalytics(metric);
export default function MyApp({ Component, pageProps }) {
  return <Component {...pageProps} />;
}
```

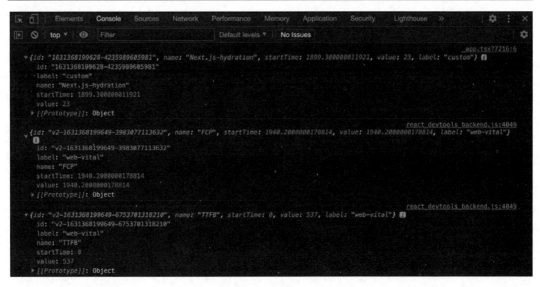

图 10.3　Web vitals

关于 Web vitals 的更多内容，读者可访问 Google 维护的官方站点，对应网址为 https://web.dev/vitals，其中包含了最新的改进内容和规则。在收集和度量 Web 应用程序中的前端性能时，建议首先阅读这一部分内容。

10.8　本 章 小 结

本章考查了 SEO、性能和安全方面的页面间的推理关系。这一类话题较为复杂，本章旨在提供一个思考框架。实际上，这些话题以后还将被提及，因为 Web 自身也处于快速发展中，其中涉及新的性能指标、SEO 规则和安全标准。

第 11 章将从另一个角度继续讨论这些话题，并考查如何部署 Web 应用程序，并根据需求选取正确的托管平台。

第 11 章　不同的部署平台

前述章节讨论了 Next.js 的工作方式、基于 SEO 的优化方式、性能处理方式、UI 框架的使用，以及如何在客户端和服务器端获取数据，进而创建优良的 Web 应用程序。这里的问题是，如何将 Web 应用程序部署至产品中？对此，存在多家不同的托管供应商、云平台，甚至是 PaaS（平台即服务）。那么，我们将如何选择？

本章将讨论如何选择正确的部署平台。

本章主要涉及下列主题。

❑　选择正确的部署平台将对性能产生影响。

❑　在不同的云方案间进行选择。

❑　Next.js 应用程序托管的替代方案。

在阅读完本章后，读者将能够将 Next.js 应用程序部署至任何托管平台上，并了解如何从众多的托管方案中选择正确的供应商。

11.1　技　术　需　求

当运行本章示例代码时，需要在本地机器上安装 Node.js 和 npm。

如果读者愿意的话，还可使用在线 IDE，如 https://repl.it 或 https://codesandbox.io，二者均支持 Next.js，且无须在计算机上安装任何依赖项。另外，读者还可访问 GitHub 存储库查看代码库，对应网址为 https://github.com/PacktPublishing/Real-World-Next.js。

11.2　不同部署平台简介

对于新的 Web 应用程序，我们必须考查多项因素。例如，如何渲染其页面？采取哪一种样式方法？数据源于何处？如何管理应用程序状态？在哪里部署应用程序？

本节主要关注最后一个元素。对此，可将这一问题划分为两部分，即在哪里部署应用程序，以及如何部署应用程序。

实际上，大多数时候，选择部署平台也意味着选取一种不同的部署方法。当前，存在多种特定的云平台，如 Vercel、Netlify 和 Heroku。其中，部署过程已趋于标准化且易于访问。当采用其他云供应商时，如 AWS、Azure 和 DigitalOcean，则需要整体控制全部部署流程，然而，在许多时候，我们需要亲自实现该过程或使用第三方软件。

近些年来，云基础设施的数量显著地增加。同时，在这一领域内，竞争较为激烈且不乏创新行为。虽然存在许多替代方案，但这里仅讨论一些较为常见的方案，这些方案涵盖了丰富的文档和更多的支持。

稍后将介绍部署 Next.js 应用程序时较为常见的平台，即 Vercel。

11.3　部署至 Vercel 平台上

开发、预览和部署并不是一句空话，这是对开发 Next.js（以及其他开源库）和优秀的云基础设施（部署和服务 Web 应用程序）的公司的完美的描述。当采用 Vercel 时，几乎不需要配置任何内容。我们可通过 CLI 工具和命令行部署 Web 应用程序；或者在推送至主 Git 分支后创建自动部署。

在开始使用 Vercel 之前，需要了解的是该平台是针对静态站点和前端框架特别构建的，但这也意味着不会支持自定义 Node.js 服务器。

这里，读者可能会感到疑惑：Vercel 是否仅支持静态生成或客户端渲染的 Next.js 网站。答案是否定的。实际上，Vercel 通过无服务器函数为页面提供服务，进而支持服务器端渲染页面。

 "无服务器函数"的含义

当谈及"无服务器函数"时，一般是指在可管理的基础设施上调用的单一函数（采用任何语言编写）。实际上，它之所以被称作"无服务器"是因为仅需编写相关函数，且无须真正考虑服务器的执行过程。与传统的服务器（通常按照小时付费，即使服务器未处理任何数据，也需要每小时支付 1 美元）不同，无服务器函数采用不同的计价模型：根据执行时间、内存使用情况和其他类似指标，每执行一次将支付少量费用。例如，在编写本书时，AWS Lambda（较为流行的无服务器环境）要求每百万次请求支付 0.20 美元；每毫秒执行时间支付 0.000 000 002 1 美元（分配 128 MB 内存空间时）。可以看到，与传统方案相比，这一价格模型极具吸引力，因为我们仅需为使用的内容付费。

当部署一个 Next.js 应用程序时，Vercel 在设置无服务器函数方面完成了较为重要的设置工作，因此我们无须关注此类操作，进而将重心移至所构建的 Web 应用程序上。

向 Vercel 中部署一个应用程序较为简单，这一过程包含两种方式，如下所示。

（1）将 GitHub、GitLab 或 Bitbucket 存储库链接至 Vercel。每次生成一个 pull 请求时，Vercel 将部署一个预览应用程序，以测试刚刚开发的特性，并随后将其发布至生产环境中。

（2）通过命令行以手动方式执行操作。例如，可通过 Vercel CLI 在终端上创建预览应用程序、在本地预览应用程序，或者将应用程序直接发布至生产环境中。其中，vercel--prod 命令即可将应用程序推送至产品环境中。

无论采用哪种方式，开发人员的操作体验均十分出色。我们可尝试使用两种策略，并根据个人喜好进行选择。

当部署和处理 Next.js 应用程序时，在所有的替代方案中，Vercel 可能是最为简单的一种方法。另外，Vercel 还可访问分析模块（参见第 10 章），这对于度量一段时间内的前端性能十分有用，进而关注前端优化问题，这也是其他平台未涉及的功能。

与 Vercel 相比，较好的替代方案是 Netlify。其间，全部部署工作流与 Vercel 十分相似，开发体验也同样出色。然而，在决定采用哪种平台之前，作者建议读者考查付费模式之间的差异。

当部署一个静态站点时，Vercel 和 Netlify 均工作良好。随着与其他平台间的竞争的不断加剧，稍后将考查一些替代方案。

11.4　将一个静态站点部署至 CDN 上

当谈及 CDN（内容分发网络）时，一般是指一个地理上分布的数据中心网络，在向世界上任何地方的用户提供内容时，可实现高可用性并提供较好的性能。

出于简单考虑，假设我们当前居住在意大利的米兰附近，并希望 Web 应用程序可在世界上的任何地方使用。那么，从地理角度来看，应将该应用程序托管于何处？

通过某些供应商，如 Amazon AWS、DigitalOcean 和 Microsoft Azure 等，我们可选择一个特定数据中心服务于应用程序。例如，可以选择 AWS eu-south-1（米兰，意大利）、ap-northeast-2（首尔，韩国）或者 sa-east-1（圣保罗，巴西）。这里，如果选择了从米兰服务 Web 应用程序，那么当尝试访问该 Web 应用程序时，意大利的用户将会感到较少的延迟。因为从地理位置上来讲，该数据中心距离意大利的用户较为接近。对于法国、瑞士和德国的用户来说同样如此。但对于亚洲、非洲和美国的用户来说，情况则恰恰相反。用户距离数据中心越远，则延迟越加明显，因而会导致较差的性能和较长的客户端-服务器请求延迟等。对于静态数据资源，如图像、CSS 或 JavaScript 文件，这一点体现得尤为明显。

较大的文件尺寸+数据中心距离基本上等同于较差的下载性能。

针对于此，CDM 通过分布在（几乎）每个大陆上的基础设施解决这一问题。在将静态数据资源部署至 CDN 上时，它将被复制至网络中的所有区域，使其更接近于世界上任何地方的用户。

当查看 Next.js 的静态生成的站点时，将会意识到服务器无须在请求期渲染页面。相反，站点将在构建期全部生成并以静态方式被渲染，因而最终可得到部署至 CDN 的静态 HTML、CSS 和 JavaScript 文件集合。

如果情况确实如此，那么我们将足够幸运。通过处理源自 CDN 中的静态 HTML 页面，我们将获得最佳的性能体验。但是，我们应选择哪一个 CDN 呢？稍后将对此加以讨论。

11.5　选择一个 CDN

当查找 CDN 以部署 Web 应用程序时，将会发现多种不同的替代方案。在这一领域内，Amazon AWS、Microsoft Azure CDN 和 Cloudflare（但不仅限于此）可被视为强有力的竞争者。在亲身经历后，个人认为值得推荐。

CDN 部署加入了一些配置步骤，花费一些时间以获得最佳性能还是值得的。

与 Vercel 相比，AWS 的处理过程则不那么直接。对此，需要构建一个管线（利用 GitHub Actions 或 GitLab Pipelines 等），并以静态方式生成 Web 应用程序，随后将其推送至 AWS S3（用于存储静态数据资源的一项服务）上，最后通过 CloudFront（AWS CDN）分发使用户通过 HTTP 请求访问这些静态数据资源。另外，还需要将 CloudFront 分发链接至一个域名，对此，可使用 AWS Route 53（AWS 专有的 DNS 服务）。

相比之下，Cloudflare 则稍显简单，其中包含了称之为 Cloudflare Pages 的更加直观的 UI，并帮助我们将项目链接至 Git 存储库，且每次将新代码推送至任何分支上时自动部署一个新的站点版本。当然，每次将一些代码推送至主分支上时，代码将发布至产品环境中。如果希望预览特性分支上的某些特性时，可将代码推送至该分支上即可，并等待 Cloudflare 发布一个预览部署，这一点与 Vercel 较为相似。

Microsoft Azure 则提供了另一个较好的方案。对此，可进入 Azure 站点（Azure 管理仪表板），创建新资源，选择"static web app"作为资源类型，查看并配置所需的数据。接下来链接 GitHub 账户，并像 Cloudflare 和 Vercel 那样生成自动部署。Azure 可为我们生成 GitHub 工作流文件，因而构建阶段将出现于 GitHub 上，一旦成功，相关内容就会被推送至 Azure 上。

这里的问题是，如何选择最佳 CDN？虽然这些 CDN 均十分出色，但依然存在一种方法可确定哪一种 CDN 最适合我们的需求。

例如，AWS 可能是最为复杂的一个 CDN。如果已持有一个 AWS 基础设施，那么可适当地简化部署的配置过程。Microsoft Azure 也是如此，如果现有项目运行于该平台上，我们同样不希望将 Web 应用程序移出该平台。

对于不需要依赖其他服务的所有的静态网站，Cloudflare 可能是完美的解决方案，除了无服务器函数（Cloudflare 提供了一种名为 Cloudflare Workers 的无服务器函数服务）和其他类似的服务（https://developers.cloudflare.com）。

即使存在多种方式可执行解耦源自静态站点的无服务器函数（通过 AWS Lambda、Azure Functions、Cloudflare Workers 等），但有些时候，仍然需要创建多个甚至数百个无服务器函数。对于缺少 DevOps 支持的小型团队来说，组织此类部署颇具挑战性。

其他时候，我们仅需要服务器端渲染和静态生成的页面，并部署一个可在运行期使用 Node.js 代码的应用程序。一种有趣的方案是以完全无服务器的方式部署站点。

一个名为 serverless-next.js 的开源项目（https://github.com/serverless-nextjs/serverless-next.js）可帮助我们实现上述方案，并以"无服务器组件"（这里，无服务器是一个 npm 库名称，用于向任何无服务器平台部署代码）方式工作，并通过下列规则在 AWS 上配置一项部署。

- ❑　SSR 页面和 API 路由将被部署，并通过 AWS Lambda（无服务器函数）被处理。
- ❑　静态页面、客户端数据资源和公共文件将被部署至 S3 上，并自动被 CloudFront 处理。

该方案将导致一类水合部署，其间，我们将尝试实现每种请求类型的最佳性能。SSR 和 API 页面（基于 Node.js 运行期）通过一个无服务器函数提供服务，其他内容则源自 CDN。

如果读者认为这是应用程序生命周期中的一些过度设计内容（但仍然需要服务器端渲染和 API 路由）。那么可考虑使用其他方法。稍后将考查如何将一个 SSR Next.js 应用程序正确地部署至任意平台上。

11.6　将 Next.js 部署至任意服务器上

截至目前，我们考查了一些替代方案，用以将 Next.js 应用程序部署至 CDN 和经管理后的基础设施上，如 Vercel 和 Netlify。但仍然涉及一些我们未曾讨论的方法。例如，如果将应用程序部署至私有服务器上，情况又当如何？

虽然这是一种较为常见的情形，但也是最为复杂的一种情形。当平台（如 Vecel、Netlify 和 Heroku）管理服务器时，某些时候，可能需要将应用程序托管至私有服务器上，并单独地控制一切内容。

下面快速地回顾之前介绍的可管理平台可执行的操作。

- ❑　自动部署。
- ❑　回滚至之前的部署。
- ❑　特性分支的自动部署。
- ❑　自动服务器配置（Node.js 运行期、反向代理等）。
- ❑　内建扩展能力。

当选择自定义服务器时，我们必须亲自实现上述全部特性。但是否值得，则需要进一步考查。通常情况下，具体操作必须结合实际情况进行。如果大型公司的基础设施已运行于既定的云供应商上（如 Amazon AWS、Google Cloud、Microsoft Azure 等），那么识别最佳方案并在同一基础设施上部署 Next.js 应用程序是十分有意义的。

对于兼职项目、小型业务站点，或者从头开始创建一个新的 Web 应用程序时，则应考虑其他一些替代方案，如之前所讨论的可管理平台或 CDN。

假设选择方案已定，并需要将应用程序部署至 Amazon AWS、Google Cloud 或 Microsoft Azure 上，那么将如何开始着手部署和托管问题？

首先需要考虑如何服务应用程序。一个空项目意味着需要以手动方式设置多项内容方得以服务于 Next.js 应用程序，这包括（但不仅限于）以下内容。

- ❑　Node.js 运行期。Node.js 并未被预安装在每个操作系统中，因此需要安装 Node.js 以服务 API 和服务器端渲染的页面。
- ❑　进程管理器。当与 Node.js 协同工作时，如果主进程崩溃，那么整个应用程序将处于关闭状态，直至以手动方式重新启动该应用程序。其原因在于，Node.js 是一个单线程架构，这一点不会在未来一段时间内产生变化，因此需要针对这种可能性做好准备。这一问题的传统解决方案是使用进程管理器，如 PM2（https://github.com/Unitech/pm2），进而监视并管理 Node.js 进程，以使应用程序处于运行状态。此外，进程管理器还提供了许多传统特性管理 Node.js 程序。关于进程管理器的更多信息，读者可阅读其官方文档，对应网址为 https://pm2.keymetrics.io。
- ❑　反向代理。虽然可方便地设置 Node.js 应用程序并管理 HTTP 输入请求，但最佳方案是将其置于一个反向代理之后，如 NGINX、Caddy 或 Envoy。这加入了一个额外的安全层，且需要在服务器上维护一个反向代理。
- ❑　设置防火墙规则。对此，需要打开防火墙并在:443 和:80 端口接收 HTTP 输入请求。
- ❑　设置高效的部署管线。对此，可使用 Jenkins、CircleCI，甚至是 GitHub Actions。

当然，这是另一个需要讨论的话题。

当整体环境设置完毕后，还应注意：一旦需要扩展基础设施以接收更多的输入请求时，就还可能需要在另一台服务器上复制相同的环境。在一台新的服务器上复制环境可能较为简单；但是，当在数十台机器上进行扩展，或者需要在全部机器上更新 Node.js 运行期或反向代理时，情况将变得十分复杂且耗时。因此，需要寻找一种替代方案。稍后将对此加以讨论，即如何通过 Docker 将 Next.js 应用程序部署至任意服务器上。

11.7　在 Docker 容器内运行 Next.js

Docker 和虚拟化改变了构建和部署应用程序的方式，并提供了一组实用工具、命令和配置项。通过创建一个运行程序（或 Web 应用程序）的虚拟机，Docker 使得应用程序在几乎每个操作系统上均为可用，进而使构建过程在任何服务器上均可以重现。

 Docker

当构建和部署任何计算机程序（Web 应用程序、数据库等）时，Docker 是一个值得关注的工具。在开始使用 Docker 之前，建议读者阅读 Docker 的官方文档，对应网址为 https://www.docker.com。此外，建议读者阅读 Russ McKendrick 编写的 *Mastering Docker – Fourth Edition* 一书（https://www.packtpub.com/product/masteringdocker-fourth-edition/9781839216572），书中提供了与 Docker 相关的完整内容。

在 Docker 中运行 Next.js 较为简单。一个基本的 Dockerfile 由下列命令构成。

```
FROM node:16-alpine

RUN mkdir -p /app

WORKDIR /app

COPY . /app/

RUN npm install
RUN npm run build

EXPOSE 3000

CMD npm run start
```

具体步骤如下所示。

（1）声明在服务器中运行的图像。此处选择 node:14-alpine。

（2）较好的方法是创建一个新的工作目录，如/app。

（3）选择/app 作为工作目录。

（4）将本地目录中的全部内容复制至 Docker 的工作目录中。

（5）安装全部所需的依赖项。

（6）在容器的工作目录中构建 Next.js。

（7）公开端口 3000 供容器外部访问。

（8）运行启动脚本，以启用 Next.js 内建服务器。

下面测试 Dockerfile。对此，在新目录中运行下列命令创建一个新的 Next.js 应用程序。

```
npx create-next-app my-first-dockerized-nextjs-app
```

接下来利用刚刚讨论的内容创建 Dockerfile。另外，还应创建一个包含 node_modules
和 Next.js 输出目录的.dockerignore 文件，且无须将其复制至容器中。

```
.next
node_modules
```

构建 Docker 容器，如下所示。

```
docker build -t my-first-dockerized-nextjs-app .
```

在当前示例中，利用自定义名称 my-first-dockerized-nextjs-app 对容器进行标记。

待构建成功后，可按照下列方式运行容器。

```
docker run -p 3000:3000 my-first-dockerized-nextjs-app
```

最后，可在 http://localhost:3000 处访问 Web 应用程序。

经过简单的配置，我们可将应用程序部署至任何可管理的容器服务（如 AWS ECS
或 http://localhost:3000）、任何 Kubernetes 集群或任何安装了 Docker 的机器中。

在生产环境中使用容器包含许多优点，因为仅需简单的配置文件即可设置 Linux 机
器的虚拟环境，进而运行应用程序。当需要复制、扩展或重制构建时，可简单地共享、
执行 Dockerfile，这也使整个处理过程更加直接且兼具可扩展性和易维护性。

11.8　本　章　小　结

本章介绍了 Next.js 应用程序的不同部署平台。针对 Next.js 应用程序的构建和部署，

并不存在完美的解决方案，一切取决于特定的应用场合，以及每个项目所面临的挑战。

　　Vercel、Netlify 和 Heroku 等可被视为较好的替代方案，进而快速地将 Next.js 应用程序部署至生产环境中。另外，Cloudflare Pages、AWS S3、AWS CloudFront、Microsoft Azure CDN 也可对静态站点提供较好的性能。当服务静态生成的站点时，本章介绍了各种方案之间的竞争状态。

　　Docker 可能是最为灵活的方案之一，并可将应用程序部署于各处，同时还可简单地在每台机器上复制生产环境。

　　再次强调，并不存在部署 Next.js 应用程序的"完美"的解决方案，这一领域的竞争十分激烈。每家公司均提出了优秀的方案以简化开发任务，同时提升用户的浏览体验。

　　在部署一个 Next.js 应用程序时，建议首先考虑团队的规模。虽然 Vercel、Netlify、Heroku 和 Cloudflare 等解决方案均适用于大、小团队，但也存在其他一些提供商，它们对所需的知识、技能和能力要求则要高得多。在 DigitalOcean 或 Google Cloud 上配置一个 AWS EC2 实例或一台自定义机器则拥有对整个应用程序生命周期的更多的控制权，但开销（如配置、设置和所需时间）也更加可观。

　　另外，大型公司则配备了专门的 DevOps 团队负责应用程序的发布过程，因而可能更喜欢采用自定义的解决方案，且拥有更多的控制权。

　　但是，即使进行独立开发，我们也可选择将应用程序部署至定制的云基础设施中。对此，应避免重新创建 Vercel、Netlify、Cloudflare 等（甚至在免费计划中）提供的基础设施，从而重复创建车轮。

　　本章介绍了框架的基础知识，以及如何将框架与不同的库和数据源集成、如何针对各种需求选择一个部署平台。

　　从第 12 章起将构建真实的应用程序。当在 Next.js 中创建产品级的 Web 应用程序时，我们还将考查所面临的各种挑战。

第 3 部分

Next.js 实例

这一部分内容将利用之前所学的方法和策略编写产品级的应用程序。其间，我们将管理产品级的身份验证机制。使用 GraphQL API 并集成 Stripe 和支付服务。

接下来将通过一些示例应用程序研究这一快速发展的框架，从而对 Next.js 更具自信心。

这一部分内容主要包括下列 3 章。

第 12 章：管理身份验证机制和用户会话。

第 13 章：利用 Next.js 和 GraphCMS 构建电子商务网站。

第 14 章：示例项目。

第 12 章　管理身份验证机制和用户会话

前述章节考查了如何与某些 Next.js 基础框架协同工作、如何在不同的渲染策略之间进行选择、不同渲染策略对 SEO 和性能的影响方式。此外，我们还介绍了如何利用内建和外部的样式化方法和库来样式化应用程序、管理应用程序状态、与外部 API 集成等。

本章将开始介绍和开发真实的应用程序，并通过业界标准整合之前所学的知识，从而使应用程序更具安全性、高性能和高度优化等特性。

本章将讨论如何管理用户会话和身份验证机制，这也是高动态 Web 应用程序中重要的组成部分。

本章主要包含下列主题。

❑　如何在应用程序和自定义身份验证服务之间集成。

❑　如何使用业界标准服务供应商，如 Auth0、NextAuth.js 和 Firebase。

❑　如何在页面变化间保持会话。

❑　如何保持用户数据的安全性和私有性。

在阅读完本章后，读者将能够在 Next.js 应用程序上验证用户并管理其会话，分辨不同身份验证策略之间的差别，进而选取相应的定制方案。

12.1　技 术 需 求

当运行本章示例代码时，需要在本地机器上安装 Node.js 和 npm。

如果读者愿意的话，还可使用在线 IDE，如 https://repl.it 或 https://codesandbox.io，二者均支持 Next.js，且无须在计算机上安装任何依赖项。另外，读者还可访问 GitHub 存储库查看代码库，对应网址为 https://github.com/PacktPublishing/Real-World-Next.js。

12.2　用户会话和身份验证简介

当谈论用户身份验证时，一般是指识别特定的用户，并根据其身份验证级别读取、写入、更新或删除任何受保护的内容。

常见的示例是博客系统：在经过身份验证后，我们可发布、编辑，甚至是删除相关内容。

相应地，存在多种不同的身份验证策略，其中，较为常见的策略如下。

❑ 基于证书的身份验证。该方法允许我们利用个人证书（一般是电子邮件地址或密码）登录系统。

❑ 社交登录。可利用社交账号（如 Facebook、Twitter、LinkedIn 等）登录系统。

❑ 无密码登录。近些年来，无密码登录逐渐变为一种较为流行的身份验证方法。其间，平台向电子邮件地址发送一个"魔术链接"（magic link），无须输入密码即可登录。

❑ 单点登录（SSO）。在一些大型公司内，针对许多不同的服务，诸如 Okta 这样的服务采用了唯一证书这种方式，并将用户身份验证集中于自身服务中。一旦登录至 SSO 系统中，该系统将用户重定向至所需的站点，同时授予相应的身份。

一旦登录至系统中，我们往往希望系统记住自己，且无须在导航和页面变化时重复进行身份验证。这也是会话管理的用武之地。

再次说明，存在多种方法可管理用户会话。例如，对于 PHP，该语言提供了内建方法控制用户会话，如下所示。

```php
<?php
 session_start();

 $_SESSION["first_name"] = "John";
 $_SESSION["last_name"] = "Doe";
?>
```

这也是常见的服务器端会话管理示例。

这将创建一个会话 Cookie 并跟踪链接至该会话的全部属性。因此，我们可利用该会话关联一个登录后的用户电子邮件或用户名，且每次渲染一个页面时，可根据身份验证后的用户数据执行该操作。

我们将这种策略称作有状态会话，因为用户状态一直保持在服务器端，并通过特定的会话 Cookie 链接至客户端。

在原型阶段，管理有状态会话相对简单。当在生产环境下进行扩展时，情况则变得复杂起来。

第 11 章曾讨论了如何将应用程序部署至 Vercel、AWS 或其他可管理的托管平台上。下面以 Vercel 为例，因为这是托管 Next.js Web 应用程序最为直观（且经过优化的）的平台。之前我们还介绍了每个 API 和 SSR 页面如何在无服务器函数上进行渲染。想象一下，在这种情况下（不需要管理服务器），如何保持一个服务器端有状态会话？

假设在用户登录后渲染一个欢迎页面，并设置会话 Cookie。在 Lambda 函数终止服务器端有状态数据实例的执行后，每个实例都将被消除。那么将如何保持会话？用户退出页面后将会发生什么？这里，服务器端会话将丢失，且需要再次进行身份验证。

这也是有状态会话这一概念的用武之地。

与设置会话 Cookie（将服务器端会话链接至前端）不同，我们希望释放一些信息，用以标识每个新请求中的用户。

每次经身份验证后的用户将向后端发送一个请求，且必须遵守身份验证机制，如传递一个特定的 Cookie 或一个 HTTP 头。针对每次请求，服务器将接收该信息、验证该信息、识别用户（如果传递后的 Cookie 或头有效），并随后处理这些所需内容。

遵循这一模式的业界标准被称作基于 JWT 的身份验证，稍后将对此加以讨论。

12.3　JSON Web 令牌

正如网站 https://jwt.io 中所述，JWT（JSON Web 令牌）是一个符合业界标准 RFC 7519 的开源方法，并安全地表示两方之间的声明。

出于简单考虑，可将 JWT 视为 3 个不同的基于 base64 编码的 JSON 数据块。

考查下列 JWT 示例。

```
eyJhbGciOiJIUzI1NiIsInR5cCI6IkpXVCJ9.eyJzdWIiOiI5MDhlYWZhNy03M-
WJkLTQyMDMtOGY3Ni1iNjA3MmNkMTFlODciLCJuYW1lIjoiSmFuZSBEb2UiL-
CJpYXQiOjE1MTYyMzkwMjJ9.HCl73CTg8960TvLP7i5mV2hKQlSJLaLAlmvHk-38kL8o
```

仔细观察后，可以看到由两个点号分隔的 3 个不同的数据块。

其中，第 1 部分内容表示 JWT 头，并包含了两个重要的信息片段，即令牌类型和签署该令牌的算法（稍后将对此加以讨论）。

第 2 部分内容是负载，其中放置了帮助我们识别用户的非敏感数据。注意，不要在 JWT 负载中存储密码或银行信息等数据。

JWT 令牌中的最后一部分内容是令牌的签名，进而增加了 JWT 的安全性，稍后将对此加以讨论。

当采用客户端库或专用网站（如 https://jwt.io）解码 JWT 时，将看到下列 JSON 数据。

```
// First chunk
{
  "alg": "HS256", // Algorithm used to sign the token
  "typ": "JWT" // Token type
}

// Second chunk
{
```

```
  "sub": "908eafa7-71bd-4203-8f76-b6072cd11e87",    // JWT subject
  "name": "Jane Doe",                               // User name
  "iat": 1516239022                                 // Issued at
}
```

其中，第 1 个代码块表示给定的 JWT 采用 HS256 算法签名。

第 2 个代码块则涵盖了与用户相关的有用信息，如 JWT 签发者（通常是用户 ID）、用户名和发布令牌的时间戳。

 JWT 负载最佳实践方案

官方 RFC7519 规定了一些可选的负载属性，如"sub"（签发者）、"aud"（接收者）、"exp"（过期时间）等。虽然是可选项，但较好的方法是根据官方 RFC 规范对其加以实现，读者可访问 https://datatracker.ietf.org/doc/html/rfc7519#section-4 查看相关信息。

一旦我们需要个人数据，可将该 JWT 设置为一个 Cookie，或者在 HTTP 授权头中将其用作 bearer 令牌。当服务器获取数据后，将对令牌进行验证，因此第 3 部分内容不可或缺。

如前所述，JWT 中的第 3 部分内容定义为其签名。下面通过一个简单的示例阐述为何（以及如何）需要签署 JWT 令牌。

JWT 令牌的解码过程较为简单，该令牌仅是一个基于 base64 编码的 JSON，因而可使用 JavaScript 内建函数对其进行解码，并通过添加"admin":true 等属性处理令牌，随后以所需格式再次对其进行编码。

轻易地破解 JWT 令牌将带来巨大的灾难。好的一面是，解码、处理且随后再次编码令牌是不够的；此外还需要使用密码（该密码与在发布了 JWT 的服务器上所使用的密码相同）对令牌进行签名。

例如，可使用 jsonwebtoken 库并针对用户生成一个令牌，如下所示。

```
const jwt = require('jsonwebtoken');

const myToken = jwt.sign(
  {
    name: 'Jane Doe',
    admin: false,
  },
  'secretpassword',
);
```

最终将得到下列 JWT 令牌。

eyJhbGciOiJIUzI1NiIsInR5cCI6IkpXVCJ9.eyJuYW1lIjoiSmFuZSBEb2UiL-
CJhZG1pbiI6ZmFsc2UsImlhdCI6MTYzNDEzMTI2OH0.AxLW0CwWpsIUk71WNbb-
ZS9jTPpab8z4LVfJH6rsa4Nk
```
```

接下来需要对令牌进行验证，以确保该令牌按照期望方式工作。

```javascript
const jwt = require('jsonwebtoken');

const myToken = jwt.sign(
  {
    name: 'Jane Doe',
    admin: false,
  },
  'secretpassword',
);

const tokenValue = jwt.verify(myToken, 'secretpassword');

console.log(tokenValue);
// => { name: 'Jane Doe', admin: false, iat: 1634131396 }
```

在 jsonwebtoken 库中，如果签名验证成功，那么 jwt.verify 方法将返回解码后的负载；如果签名验证失败，那么该方法将抛出一条错误消息。

我们可通过在 https://jwt.io 主页上复制并粘贴前面的 JWT 来对此进行测试。其间，可随意对其进行编辑，因此可尝试将 JWT 设置为"admin": true，如图 12.1 所示。

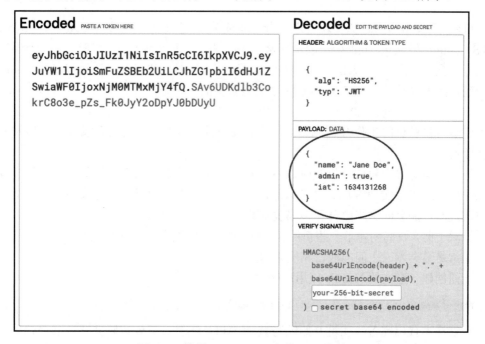

图 12.1　编辑 https://jwt.io 上的 JWT 令牌

可以看到，一旦在头或负载部分输出内容，Web 应用程序就会更新 JWT 令牌。一旦完成了编辑，最后就可利用下列脚本对其进行测试。

```
const tokenValue = jwt.verify(
  'eyJhbGciOiJIUzI1NiIsInR5cCI6IkpXVCJ9.eyJuYW1lIjoiSmFuZS-
BEb2UiLCJhZG1pbiI6dHJ1ZSwiaWF0IjoxNjM0MTMxMjY4fQ.SAv6UDKdlb-
3CokrC8o3e_pZs_Fk0JyY2oDpYJ0bDUyU',
    'secretpassword',
);
```

当尝试验证该令牌时，控制台上将显示下列错误。

```
JsonWebTokenError: invalid signature
```

这便是 JWT 处于安全状态的原因：每个人都可以读取并对其进行操作——一旦如此，即无法利用有效的签名对其签收，因为 JWT 仍处于私密状态且隐藏在服务器端。

稍后将考查一个示例，并将 JWT 身份验证机制集成至 Next.js 应用程序中。

12.4　自定义身份验证机制

可能的话，应尽量避免实现自定义身份验证策略。在一些供应商（如 Auth0、Firebase、AWS Cognito 和 Magic.link 等）的不断努力下，身份验证机制安全、可靠，并针对不同环境进行了优化。当考查 Web 应用程序的身份验证机制时，建议选择已经相对成熟的服务供应商，因为这是动态 Web 应用程序中最为重要的一部分内容。

本节将考查如何创建一个自定义身份验证机制，其原因十分简单：我们仅在较高层次上了解身份验证的工作方式、如何提升其安全性，以及自定义身份验证系统所涉及的重要因素。

当实现自定义身份验证机制时，将会发现存在一些限制条件。例如，一般不推荐在静态生成的站点上实现客户端身份验证，因为这将强制我们以独占方式在客户端上验证用户，进而可能会向网络中公开某些敏感数据。

针对于此，我们创建了一些新的 Next.js Web 应用程序，并采用 API 路由实现与数据源（通常是数据库）之间的通信和检索用户数据。

下面创建一个空的 Next.js 应用程序。

```
npx create-next-app with-custom-auth
```

一旦样本代码完备，就可开始编写登录 API。注意，下列代码并非产品级代码，而是对身份验证工作方式的一个简单、整体介绍。

通过导出下列函数创建一个/pages/api/login.js 文件。

```
export default (req, res) => {}
```

其中，我们将处理用户输入并对其进行验证。

首先接收用户输入内容并过滤请求方法，其仅接收 POST 请求。

```
export default (req, res) => {
  const { method } = req;
  const { email, password } = req.body;

  if (method !== 'POST') {
    return res.status(404).end();
  }
}
```

为何需要过滤 POST 请求

默认状态下，全部 Next.js API 路由接收任何 HTTP 方法。顺便提及，较好的做法是仅允许特定路由上的特定方法。例如，在创建新内容时启用 POST 请求，在读取数据时启用 GET，在修改某些内容时启用 PUT，或者在删除数据时启用 DELETE。

当前，可验证用户输入内容。例如，当验证电子邮件和密码时，可检查传入的电子邮件是否为有效格式；密码是否遵循特定的策略。通过这种方式，如果给定的数据无效，并返回 401 状态码（未授权），因为此时数据库中不存在相应的电子邮件和密码，这有助于我们避免无用的数据库调用。

目前暂不使用数据库，并采用硬编码值——当前仅在较高层次上了解身份验证机制。也就是说，经简化处理后，我们仅需检查请求体是否包含电子邮件和密码。

```
export default (req, res) => {
  const { method } = req;
  const { email, password } = req.body;

  if (method !== 'POST') {
    return res.status(404).end();
  }

  if (!email || !password) {
    return res.status(400).json({
      error: 'Missing required params',
    });
  }
}
```

如果请求体中不包含相应的电子邮件或密码，那么将返回一个 400 状态码（无效请求），其中包含了请求失败的错误消息。

如果请求通过 HTTP POST 方法进行发送，并提供了电子邮件和密码，随后即可通过身份验证机制对其进行处理。例如，可在数据库中通过特定的电子邮件查找用户、检索密码，随后在服务器端上进行验证，或者请求外部身份验证服务执行此类操作。

当前，我们仅考查自定义身份验证策略的整体概念，因而仅使用了一个基本函数并针对两个固定的字符串检查电子邮件和密码组合。再次说明，该操作并不适用于产品阶段。

在 pages/api/login.js 文件中，可定义一个基础函数，如下所示。

```
function authenticateUser(email, password) {
  const validEmail = 'johndoe@somecompany.com';
  const validPassword = 'strongpassword';

  if (email === validEmail && password === validPassword) {
    return {
      id: 'f678f078-fcfe-43ca-9d20-e8c9a95209b6',
      name: 'John Doe',
      email: 'johndoe@somecompany.com',
    };
  }

  return null;
}
```

在生产环境中，我们不会再使用此类身份验证函数，而是与数据库或外部服务进行通信，进而动态地检索用户数据。

最后，我们可整合上述函数和 API 处理程序。如果所传递的数据正确，那么将获得用户数据并将其发送至客户端；否则将发送一个 401 状态码（未授权），其中包含了所传递数据的错误信息。

```
export default (req, res) => {
  const { method } = req;
  const { email, password } = req.body;

  if (method !== 'POST') {
    return res.status(404).end();
  }

  if (!email || !password) {
    return res.status(400).json({
      error: 'Missing required params',
    });
```

```
  }

  const user = authenticateUser(email, password);

  if (user) {
    return res.json({ user });
  } else {
    return res.status(401).json({
      error: 'Wrong email of password',
    });
  }
};
```

接下来，我们开始分析该方案所蕴含的风险。假设我们将从前端登录，服务器将使用此类信息进行回复，然后可将其存储于 Cookie 中。当需要获取与用户相关的更多数据时，可向服务器提交一个请求，进而读取 Cookie、获取当前用户 ID，随后针对相应的数据查询数据库。

至此，读者是否已经看出此类方案的故障点？

通过 Web 浏览器内建的开发工具，每个人均可编辑 Cookie。这意味着，每个人均可读取并修改 Cookie，甚至不需要登录即可饰演用户的角色。

关于 Cookie

Cookie 是存储会话数据的一种较好的方案。其间，我们可使用不同的浏览器特性，如 localStorage、sessionStorage，甚至是 indexedDB。这里的问题是，可向 Web 页面中注入恶意脚本窃取数据。当处理 Cookie 时，可以（且应该）将 httpOnly 标志设置为 true，以使 Cookie 仅在服务器端有效。当处理此类数据时，这将加入额外的安全层。另外，即使我们意识到可通过浏览器提供的开发工具访问、查看 Cookie，也不应将敏感信息共享于此。

这里也是 JWT 发挥其功效的地方。对此，可简单地编辑登录处理程序，并在返回任何数据之前，可设置包含 JWT 的 Cookie。

下面安装 jsonwebtoken npm 包。

yarn add jsonwebtoken

创建一个新文件 lib/jwt.js 并添加下列内容。

```
import jwt from 'jsonwebtoken';

const JWT_SECRET = 'my_jwt_password';

export function encode(payload) {
```

```
    return jwt.sign(payload, JWT_SECRET);
}

export function decode(token) {
  return jwt.verify(token, JWT_SECRET);
}
```

返回 pages/api/login.js 文件，并将用户负载编码至 JWT 中以编辑该文件。

```
import { encode } from '../../lib/jwt';

function authenticateUser(email, password) {
  const validEmail = 'johndoe@somecompany.com';
  const validPassword = 'strongpassword';

  if (email === validEmail && password === validPassword) {
    return encode({
      id: 'f678f078-fcfe-43ca-9d20-e8c9a95209b6',
      name: 'John Doe',
      email: 'johndoe@somecompany.com',
    });
  }

  return null;
}
```

最后设置包含刚刚创建的 JWT 的 Cookie。对此，可安装一个库帮助我们完成此项操作。

```
yarn add cookie
```

待安装完毕后，可编辑 pages/api/login.js 文件并设置会话 Cookie。

```
import { serialize } from 'cookie';

// ...

export default (req, res) => {
  const { method } = req;
  const { email, password } = req.body;

  if (method !== 'POST') {
    return res.status(404).end();
  }

  if (!email || !password) {
    return res.status(400).json({
```

```
      error: 'Missing required params',
  });
}

const user = authenticateUser(email, password);

if (user) {
  res.setHeader('Set-Cookie',
      serialize('my_auth', user, { path: '/', httpOnly:true })
  );
  return res.json({ success: true });
} else {
  return res.status(401).json({
    success: false,
    error: 'Wrong email of password',
  });
}
};
```

可以看到，我们创建了一个名为 my_auth 的 Cookie，其中包含了用户 JWT。我们不会将 JWT 直接传递至客户端，并希望针对客户端运行的恶意脚本隐藏该 JWT。

通过有效的 HTTP 客户端进行检测，如 Postman 或 Insomnia（读者可访问 https://insomnia.rest 免费下载 Insomnia），可查看上述过程是否按照期望方式工作，如图 12.2 所示。

图 12.2　Insomnia 中的登录 API 响应结果

在 Insomnia 工具的响应部分中，选择 Cookie 选项卡，对应的身份验证 Cookie 如图 12.3 所示。

图 12.3　Insomnia 中的身份验证 Cookie

最后创建一个登录表单和一个受保护的路由（仅在登录后可见），进而在客户端上管理身份验证机制。对此，创建一个新的/pages/protected-route.js 文件并添加下列内容。

```
import styles from '../styles/app.module.css';

export default function ProtectedRoute() {
  return (
    <div className={styles.container}>
      <h1>Protected Route</h1>
      <p>You can't see me if not logged-in!</p>
    </div>
  );
}
```

通过查看 ProtectedRoute 可知，在创建了登录页面后，目前尚未阻止恶意用户浏览该页面。

创建/styles/app.module.css 文件，并于其中放置应用程序的全部样式化内容。出于简单考虑，这里仅创建一组简单的样式。

```
.container {
```

```
 min-height: 100vh;
 padding: 0 0.5rem;
 display: flex;
 flex-direction: column;
 justify-content: center;
 align-items: center;
 height: 100vh;
}
```

针对登录操作，创建一个新的页面/pages/login.js，并编写下列登录 UI。

```
import { useState } from 'react';
import { useRouter } from 'next/router';
import styles from '../styles/app.module.css';

export default function Home() {
  const [loginError, setLoginError] = useState(null);

  return (
    <div className={styles.container}>
      <h1>Login</h1>
      <form className={styles.form}
        onSubmit={handleSubmit}>
        <label htmlFor="email">Email</label>
        <input type="email" id="email" />

        <label htmlFor="password">Password</label>
        <input type="password" id="password" />

        <button type="submit">Login</button>

        {loginError && (
          <div className={styles.formError}>
            {loginError} </div>
        )}
      </form>
    </div>
  );
}
```

在创建缺失的 handleSubmit 函数之前，下面向 styles/app.module.css 文件中添加一组样式。

```
.form {
```

```
  display: flex;
  flex-direction: column;
}

.form input {
  padding: 0.5rem;
  margin: 0.5rem;
  border: 1px solid #ccc;
  border-radius: 4px;
  width: 15rem;
}

.form label {
  margin: 0 0.5rem;
}

.form button {
  padding: 0.5rem;
  margin: 0.5rem;
  border: 1px solid #ccc;
  border-radius: 4px;
  width: 15rem;
  cursor: pointer;
}

.formError {
  color: red;
  font-size: 0.8rem;
  text-align: center;
}
```

接下来编写 handleSubmit 函数。其中，我们将捕捉表单提交事件、阻止浏览器的默认行为（向远程 API 提交一个请求）并处理两种可能的登录结果，即成功登录和无效登录。如果登录成功，则将用户重定向至受保护的页面上；否则将在 loginError 状态中设置一条错误消息。

```
export default function Home() {
  const router = useRouter();
  const [loginError, setLoginError] = useState(null);

  const handleSubmit = (event) => {
    event.preventDefault();
```

```
  const { email, password } = event.target.elements;

  setLoginError(null);
  handleLogin(email.value, password.value)
    .then(() => router.push('/protected-route'))
    .catch((err) => setLoginError(err.message));
};

// ...
```

最后一个函数负责生成登录 API 请求。我们可以在 Home 组件之外创建该函数，因为在测试阶段，可能需要对该函数单独进行测试。

```
// ...

async function handleLogin(email, password) {
  const resp = await fetch('/api/login', {
    method: 'POST',
    headers: {
      'Content-Type': 'application/json',
    },
    body: JSON.stringify({
      email,
      password,
    }),
  });

  const data = await resp.json();

  if (data.success) {
    return;
  }

  throw new Error('Wrong email or password');
}

// ...
```

最后，可测试登录页面并查看该页面是否正常工作。若是，则重定向至私有路由；否则将会在表单提交按钮下方看到一条错误消息。

下面将对私有页面进行保护。如果尚未登录，则无法看到该页面；类似的情况也适用于登录页面：一旦登录了页面，就无法再看到该页面。

在实现进一步操作之前，还应确定如何在应用程序中实现身份验证操作。

我们可在服务器端渲染页面，并在每个请求上检查 Cookie（如前所述，我们不希望在客户端上访问 Cookie）；或者可在前端渲染一个加载器，并等待一个钩子检查是否在渲染实际页面内容之前已登录。

那么，我们应该如何进行选择？

最终的选择结果可对不同的场景产生一定的影响。例如，对于 SEO，如果构建一个博客，且仅登录用户可发布评论，这尚不会构成任何问题。我们可发送一个静态生成的页面，并等待一个钩子通知我们用户是否已经过身份验证。同时，我们仅可渲染公共内容（如文章体、作者和标签）。因此，SEO 不会受到任何影响。一旦客户端知晓用户已登录，该用户就可以发布评论。

另外，性能方面也不会受到任何影响，因为我们将利用以独占方式在客户端渲染的动态数据处理静态生成的页面。

作为一种替代方案，可简单地获取服务器端上的 Cookie、验证 JWT 并根据用户身份验证状态渲染页面。这一过程易于实现（可在内建函数 getServerSideProps 中完成），但会加入一些延迟，并强制我们在服务器端渲染全部页面。

这里将实现第 1 种方案，即创建一个自定义钩子以确定用户是否登录。

对此，首先需要实现一个 API 并解析 Cookie，同时返回与会话相关的最低限度的信息。下面创建一个 pages/api/get-session.js 文件，如下所示。

```
import { parse } from 'cookie';
import { decode } from '../../lib/jwt';

export default (req, res) => {
  if (req.method !== 'GET') {
    return res.status(404).end();
  }

  const { my_auth } = parse(req.headers.cookie || '');

  if (!my_auth) {
    return res.json({ loggedIn: false });
  }

  return res.json({
    loggedIn: true,
    user: decode(my_auth),
  });
};
```

接下来利用刚刚创建的表单登录，随后通过 http://localhost:3000/api/get-session 调用 API。最终结果如下所示。

```
{
  "loggedIn": true,
  "user": {
    "id": "f678f078-fcfe-43ca-9d20-e8c9a95209b6",
    "name": "John Doe",
    "email": "johndoe@somecompany.com",
    "iat": 1635085226
  }
}
```

如果在一个匿名会话中调用相同的 API，仅可得到一个{"loggedIn": false}运行结果。

我们可使用该 API 并通过创建一个自定义钩子确定当前用户是否已登录。相应地，可创建一个 lib/hooks/auth.js 文件并包含下列内容。

```
import { useState, useEffect } from 'react';

export function useAuth() {
  const [loggedIn, setLoggedIn] = useState(false);
  const [user, setUser]         = useState(null);
  const [loading, setLoading]   = useState(true);
  const [error, setError]       = useState(null);

  useEffect(() => {
    setLoading(true);
    fetch('/api/get-session')
      .then((res) => res.json())
      .then((data) => {
        if (data.loggedIn) {
          setLoggedIn(true);
          setUser(data.user);
        }
      })
      .catch((err) => setError(err))
      .finally(() => setLoading(false));
  }, []);

  return {
    user,
    loggedIn,
    loading,
```

```
    error,
  };
}
```

可以看到，钩子自身较为简单。一旦钩子被载入（此时，useEffect React 钩子将被触发），该钩子就会生成/api/get-session API 的 HTTP 调用。若 API 成功（或失败），则返回用户状态、错误信息（若存在），并将 loading 状态设置为 false。据此可知应重新渲染 UI。

最终，可在受保护的页面中实现这个钩子。也就是说，导入钩子并根据身份验证状态显示私有内容。

```js
import { useRouter } from 'next/router';
import { useAuth } from '../lib/hooks/auth';
import styles from '../styles/app.module.css';

export default function ProtectedRoute() {
  const router = useRouter();
  const { loading, error, loggedIn } = useAuth();

  if (!loading && !loggedIn) {
    router.push('/login');
  }

  return (
    <div className={styles.container}>
      {loading && <p>Loading...</p>}
      {error && <p> An error occurred. </p>}
      {loggedIn && (
        <>
          <h1>Protected Route</h1>
          <p>You can't see me if not logged-in!</p>
        </>
      )}
    </div>
  );
}
```

当前可尝试访问私有页面，并在登录后查看该页面是否以正确方式工作。首先可看到"loading"文本，一段时间后，则应看到受保护的路由内容。

对于登录后的用户，可采用类似的方案隐藏登录页面。对此，打开 pages/login.js 文件并按照下列方式进行编辑。

```js
import { useState } from 'react';
import { useRouter } from 'next/router';
```

```
import { useAuth } from '../lib/hooks/auth';
import styles from '../styles/app.module.css';

// ...
```

一旦导入了 useAuth 钩子，我们就可以开始编写组件逻辑内容。这里，只有在用户登录后，我们方可渲染登录表单。

```
// ...

export default function Home() {
  const router = useRouter();
  const [loginError, setLoginError] = useState(null);
  const { loading, loggedIn } = useAuth();

  if (loading) {
    return <p>Loading...</p>;
  }

  if (!loading && loggedIn) {
    router.push('/protected-route');
    return null;
  }

// ...
```

此处将通知登录页面其行为与受保护的路由页面相反。其间，将等待钩子完成加载阶段，并在结束后检查用户是否已登录。若用户已登录，则利用 Next.js useRouter 钩子简单地将其重定向至保护页面上。

至此，我们针对 Web 页面成功地实现了一个十分简单（非产品环境）的登录策略。接下来考查自定义身份验证机制的优点、缺点和所面临的问题。

1. 优点

编写自定义身份验证系统使我们了解更多与安全方面的知识，并可控制身份验证机制的整体工作流。

2. 缺点

编写健壮的身份验证机制并不简单，同时还会面临一定的风险。为此，公司在安全的身份验证策略方面投入了大量的资金。对于一家业务之外的公司来说，要达到 Auth0、Okta、Google 或 Amazon AWS 的安全级别是十分困难的。

3．所面临的问题

即使能够创建一个健壮的身份验证系统，我们仍需要通过手动方式实现许多自定义处理过程，如重置密码和用户注册工作流、双重认证、交易型邮件等。这需要大量的额外工作，并导致重复现有的服务，且难以满足相同级别的安全性和可靠性（很难与 Auth0、Google 或 AWS 标准相匹配）。

稍后将考查如何利用业界标准实现 Next.js 应用程序的身份验证机制，即知名的身份验证提供商 Auth0。

12.5　利用 Auth0 实现身份验证

前述内容讨论了如何实现一个较为基础、直接的身份验证方法。该方法仅从较高的层次上进行阐述，且不适用于产品级项目。

当构建产品级 Web 应用程序时，一般会采用安全、可靠的外部身份验证方法。

相应地，存在多家不同的供应商（AWS Cognito、Firebase、Magic.link 等）为用户安全提供了保障。本章将选择一家较为流行的、安全的、负担得起的身份验证供应商及其免费计划，即 Auth0。

在前述内容的基础上，读者可在 https://auth0.com 上创建一个免费的账户（免费计划用户无须提供信用卡）。

Auth0 负责管理身份验证策略中所涉及的最为复杂的步骤，同时还提供了一些十分友好的 API 以供操作。

借助这家身份验证供应商，我们不再担心下列各项操作。

❑　用户注册。
❑　用户登录。
❑　电子邮件验证。
❑　"忘记密码"工作流。
❑　"重置密码"工作流。

此外，身份验证策略中其他一些重要的部分也得到了较好的支持。

接下来创建一个新的 Next.js 应用程序。

```
npx create-next-app with-auth0
```

登录 Auth0 并创建新的应用程序，如图 12.4 所示。

一旦创建了应用程序，Auth0 就会询问我们将要采用的技术。此处可选择 Next.js，Auth0 随后将我们重定向至优秀教程（该教程是介绍如何在 Next.js 框架中使用 Auth0 的身份验证机制的）处。

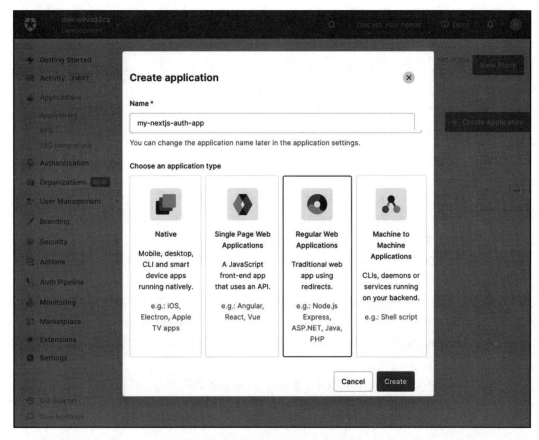

图 12.4　创建新的 Auth0 应用程序

在 Settings 中，将能够设置回调 URL。这些 URL 表示用户在完成特定动作后将被重定向的页面，如登录、注销和注册。

此时，需要通过添加 http://localhost:3000/api/auth/callback 设置 Allowed Callback URLs，以及通过添加 http://localhost:3000/设置 Allowed Logout URLs。

这将授权我们在每次 Auth0 操作（如登录、注册和重置密码）后采用 Auth0 进行本地开发，因为 Auth0 会将我们重定向至对应动作开始处的 URL。

例如，如果希望登录 https://example.com。在登录后，Auth0 将自动重定向至 https://example.com/api/auth/callback，这一行为需要得到相应的授权。

考虑到本地开发 URL 很可能是 http://localhost:3000（这也是 Next.js 的默认地址），因而需要在 Allowed Callback URLs 和 Allowed Logout URLs 部分中授权其他阶段或网站

URL。当然，也可添加更多的 URL 并采用逗号进行分隔。

在重定向 URL 设置完毕后，即可开始配置本地环境。

首先需要创建一个本地环境的环境文件.env.local，并添加下列内容。

```
AUTH0_
SECRET=f915324d4e18d45318179e733fc25d7aed95ee6d6734c8786c03
AUTH0_BASE_URL='http://localhost:3000'
AUTH0_ISSUER_BASE_URL='https://YOUR_AUTH0_DOMAIN.auth0.com'
AUTH0_CLIENT_ID='YOUR_AUTH0_CLIENT_ID'
AUTH0_CLIENT_SECRET='YOUR_AUTH0_CLIENT_SECRET'
```

记住，不要提交环境文件，因为此类文件可能包含危及应用程序安全的敏感数据。

可以看到，我们设置了下列 5 个重要的环境变量。

（1）AUTH0_SECRET：Ayth0 使用的随机生成的字符串，并作为密钥加密会话 Cookie。通过在终端中运行 openssl rand -hex 32，可生成新的安全的随机密码。

（2）AUTH0_BASE_URL：应用程序的基 URL。对于本地开发环境，基 URL 为 http://localhost:3000。如果打算在不同的端口上启动应用程序，应确保更新.env.local 文件以反映这一变化。

（3）AUTH0_ISSUER_BASE_URL：Auth0 应用程序的 URL。我们可在设置回调 URL 的 Settings 部分的开始处找到该 URL（在 Auth0 仪表板中标记为 domain）。

（4）AUTH0_CLIENT_ID：Auth0 应用程序的客户端 ID，读者可在 Domain 设置项下查找自己的 ID。

（5）AUTH0_CLIENT_SECRET：Auth0 应用程序的客户端密码。读者可在 Auth0 仪表板中的 client ID 设置项下查找该密码。

一旦我们将所有的环境变量设置完毕，就可以在 Next.js 应用程序中创建 Auth0 的 API 路由。当编写自定义身份验证策略时，读者是否还记得需要实现多少项内容？登录、注销、密码重置、用户注册等。相应地，Auth0 为我们处理一切事物。对此，可在/pages/api/auth/[...auth0].js 下创建一个直接的 API 路由。

一旦我们将页面创建完毕，就可向其中添加下列内容。

```
import { handleAuth } from '@auth0/nextjs-auth0';

export default handleAuth();
```

接下来，可运行下列命令安装 Auth0 Next.js SDK。

yarn add @auth0/nextjs-auth0

当启动 Next.js 服务器后，handleAuth()方法将为我们创建下列路由。

❑　/api/auth/login：该路由允许我们登录应用程序。

❑　/api/auth/callback：在成功登录后，Auth0 重定向的回调 URL。

❑　/api/auth/logout：从 Web 应用程序中进行注销。

❑　/api/auth/me：表示为一个端点。其中，可获取登录后的 JSON 格式的自身信息。

为了使我们的会话在所有的 Web 应用程序页面中持久化，可将组件封装至官方的
Auth0 UserProvider 上下文中。对此，可打开 pages/_app.js 文件并添加下列内容。

```
import { UserProvider } from '@auth0/nextjs-auth0';

export default function App({ Component, pageProps }) {
  return (
    <UserProvider>
      <Component {...pageProps} />
    </UserProvider>
  );
}
```

尝试访问应用程序的登录页面，即浏览 http://localhost:3000/api/auth/login。最终可看
到如图 12.5 所示的页面。

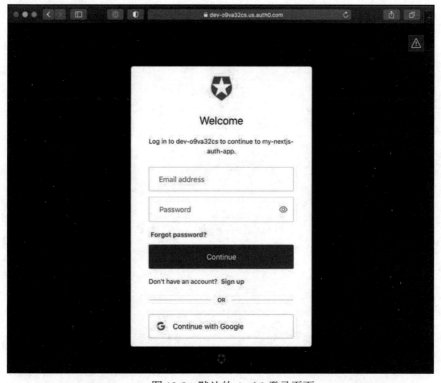

图 12.5　默认的 Auth0 登录页面

当前是首次访问登录页面，且尚未注册用户。对此，可单击 Sign up 按钮并生成一个新账户。

一旦用户创建了一个新的账户，用户就会被重定向至应用程序主页上，随后会接收到一封确认电子邮件。

在用户登录以后，取决于用户的身份，将在前端显示一些有用的信息。接下来将显示一条欢迎消息。

对此，打开/pages/index.js 文件并添加下列内容。

```jsx
import { useUser } from '@auth0/nextjs-auth0';

export default function Index() {
  const { user, error, isLoading } = useUser();

  if (isLoading) {
    return <div>Loading...</div>;
  }

  if (error) {
    return <div>{error.message}</div>;
  }

  if (user) {
    return (
      <div>
        <h1> Welcome back! </h1>
        <p>
          You're logged in with the following email
            address:
          {user.email}!
        </p>
        <a href="/api/auth/logout">Logout</a>
      </div>
    );
  }

  return (
    <div>
      <h1> Welcome, stranger! </h1>
      <p>Please <a href="/api/auth/login">Login</a>.</p>
    </div>
  );
}
```

不难发现，该模式与实现自定义身份验证机制时所采用的方案十分相似。我们以静态方式生成页面，随后等待客户端获取用户信息，完成后将在屏幕上输出私有内容。

用户可尝试执行登录或注销操作，进而测试应用程序是否以正常方式工作。

在完成了登录和注销操作后，这里的问题是，如何自定义身份验证表单？可否将数据保留至数据库中？稍后将对此加以讨论。

截至目前，我们通过 Auth0 构建了一个较为直接的身份验证机制。当与自定义身份验证机制比较时，其优点包括安全的身份验证流、全功能认证管理等。

这里的一个问题是，当构建自定义身份验证策略时，我们持有多少控制权？具体来说，我们应能够控制每一个身份验证步骤、表单的外观，以及生成新账户所需的数据等。那么，如何利用 Auth0 做到这一点？

考查登录/注册表单。我们可导航至 Auth0 仪表板的 Branding 部分中来自定义该表单，如图 12.6 所示。

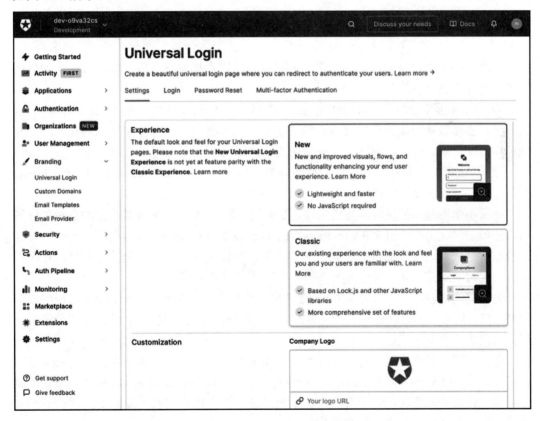

图 12.6　Auth0 的 Branding 部分

这里，我们可直接编辑 HTML 表单并与应用程序样式保持统一。此外，还可自定义电子邮件模板，并与应用程序观感保持一致。

另一个重要的话题是，Auth0 如何存储数据？默认状态下，Auth0 将全部登录数据保存在自身的数据库中。在 Auth0 仪表板中，可访问身份验证/数据库/自定义数据库页面，并设置一些自定义脚本以授权访问外部数据库，在那里可以完全控制数据所有权。

除此之外，还可设置一系列的 Web 钩子，每次新用户注册、登录、删除其账户时，外部 REST API（由我们加以管理）将获得相应的通知，并将数据变化内容复制至外部服务和数据库中。

在自定义身份验证体验时，Auth0 提供了诸多可能性，它也是较为完备的供应商之一。此外，Auth0 还提供了免费计划，并可在确定是否满足相关需求之前免费测试许多特性。因此，如果打算构建产品级应用程序时，强烈建议通过 Auth0 安全地管理身份验证机制。

12.6　本章小结

针对一些较为复杂和敏感的话题，如私有数据管理和用户会话，本章讨论了如何使用第三方身份验证供应商。

最终的问题演变为，何时应实现一个自定义身份验证策略？根据个人经验，在大多数场合，应尽量避免编写自定义身份验证机制，除非我们正在和专家团队协同工作，并能够检测安全缺陷以及识别整个身份验证流中的漏洞。

除了 Auth0，还存在一些较好的替代方案（如 NextAuth.js、Firebase、AWS Cognito 等），但复制其测试特性风险较大。

如果不适应与外部供应商协同工作，那么还可使用 Web 框架及其内建的身份验证策略。例如，假设正在使用 Ruby on Rails、Laravel 或 Spring Boot，这些框架都是优于外部身份验证供应商的良好的选择方案。它们将提供所需的灵活性和安全性；同时，社区也会给予大量的支持，并且持续发布新的安全版本和修复内容。

另一种选择方案是使用无头 CNS 管理用户及其数据。例如，诸如 Strapi 这样的开源 CMS，可通过本地方式处理身份验证机制，并允许我们使用开发 CMS 的社区和公司所支持的身份验证机制。

无论如何，实现自定义身份验证是一项十分有意义的任务，可使我们了解安全机制的工作方式，以及如何防范恶意用户。例如，第 13 章将利用 GraphCMS 构建一个电子商务网站，假设我们将实现自定义身份验证机制，但恶意用户可通过漏洞访问用户的私有数据。因此，这种风险值得我们思考。

第 13 章 利用 Next.js 和 GraphCMS 构建电子商务网站

在考查 Next.js 的过程中，我们获取了大量的知识，其间介绍了不同的渲染技术、样式化技术、集成方案和部署策略。

本章将利用所学的知识开发一款简单的产品。

本章主要包含下列主题。

❑ GraphCMS 及其应用方式。
❑ 如何集成支付方法，如 Stripe。
❑ 如何部署电子商务网站。

在阅读完本章后，读者将能够描述 Next.js 电子商务网站的架构、制订正确的 SEO 和性能折中方案，并在适宜的云平台上部署 Next.js 实例。

13.1　技　术　需　求

当运行本章示例代码时，需要在本地机器上安装 Node.js 和 npm。

如果读者愿意的话，还可使用在线 IDE，如 https://repl.it 或 https://codesandbox.io，二者均支持 Next.js，且无须在计算机上安装任何依赖项。另外，读者还可访问 GitHub 存储库查看代码库，对应网址为 https://github.com/PacktPublishing/Real-World-Next.js。

13.2　创建电子商务网站

互联网在 20 世纪 90 年代呈现出蓬勃发展之势，并为在线商务提供了可能性。许多公司开始研发 SaaS（软件即服务）产品，以帮助用户构建自己的在线购物平台。

当今，这一领域涌现出了许多领导者，如 Shopify、Big Cartel、WordPress（采用 WooCommerce 或其他插件）和 Magento 等。

此外，PayPal 和 Stripe 这些公司还进一步简化了任意平台上的支付方法集成操作，进而为定制电子商务服务铺平了道路。这里，唯一的限制便是我们的想象力。

当谈及电子商务构建过程中的"限制条件"时，一般是指特定的 Saas 平台难以定制 UI、支付流等。

例如，Shopify 通过创建一个新的服务器端渲染的 React.js 框架（称作 Hydrogen）解决了这一问题，其中配置了预建组件和 Hook 与其 GraphQL 进行通信，并允许开发人员轻松地在前端创建独特的用户体验。

Next.js 发布了 Next.js Commerce，这是一个高度可定制的入门套件，可以轻松创建电子商务体验，并能够与许多不同的平台集成。

Next.js Commerce 并未向 Next.js 框架添加任何新内容。相反，Next.js Commerce 作为一个模板启动一个新的电子商务网站，并知晓我们将定制其中的每一个部分。这里，我们并不会具体实现相应的定制功能，但我们会部署一个高性能和优化的网上商店。

我们可将 Next.js 商务与任何无头后端服务结合使用，无论使用的是 Shopify、BigCommerce、Saleor 还是其他服务，只要它们公开了某些 API 并能够与后端通信即可。

稍后将使用无头 CMS 平台之一管理现代电子商务平台各方面的内容，如产品库存、内容翻译等，并始终保持使用 API 优先的方法，即 GraphCMS。

13.3　设置 GraphCMS

电子商务领域存在许多不同的竞争者，它们提供了优秀的功能以实现现代、高性能的解决方案，但在分析后台功能、前端定制功能、API、集成等时，总是存在相应的权衡方案。

本章使用 GraphCMS 的原因十分简单，即易于集成、通用的免费计划，且不需要配置复杂的发布管线和数据库等内容。相应地，我们仅需开启一个账户，并通过大量的免费特性构建全功能电子商务站点。

此外，GraphCMS 还提供了一个基于预置（完全可定制）内容的电子商务模板，该模板转换为预置的 GraphQL 模式，进而可在前端以此创建产品页面、目录等。

下面访问 https://graphcms.com 并开始创建一个新的 GraphCMS 账户。当登录至仪表板后，GraphCMS 提示我们创建一个新的项目，并可选择多个预置模板，如图 13.1 所示。此处可选取 Commerce Shop 模板，这将生成一些模拟内容。

当选择 Commerce Shop 作为模板并创建了项目后，即可浏览 GraphCMS 仪表板中的 Content 部分，并查看持有的模拟数据。

其间，我们将看到许多有用的预置部分，如产品、产品变体、分类和评论。稍后将在 Next.js 商务应用程序中使用这些数据。

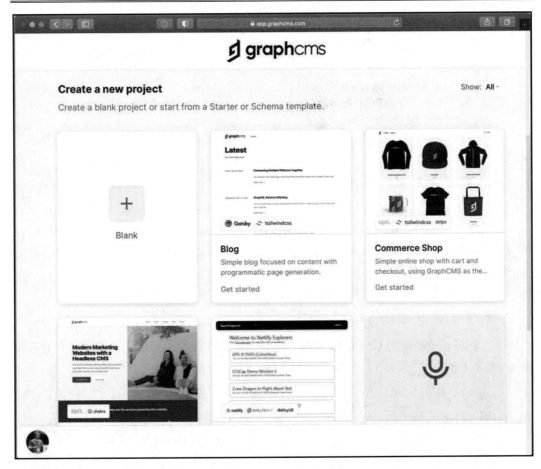

图 13.1　GraphCMS 仪表板

在持有相关内容后，还需要创建一个 Next.js 应用程序，并通过 GraphCMS GraphQL APIs 在前端显示该程序。

```
npx create-next-app with-graphcms
```

待应用程序创建完毕后，即可开始考虑如何创建 UI。当前，出于简单考虑，可使用 Chakra UI 样式化组件，并可在 Next.js 应用程序中安装和设置 Chakra UI。

```
yarn add @chakra-ui/react @emotion/react@^11 @emotion/
styled@^11 framer-motion@^4
```

打开_app.js 文件并添加 Chakra 提供商。

```
import { ChakraProvider } from '@chakra-ui/react';

function MyApp({ Component, pageProps }) {
  return (
    <ChakraProvider>
      <Component {...pageProps} />
    </ChakraProvider>
  );
}

export default MyApp;
```

在设置了基本的 Next.js 应用程序后，随后可将 GraphCMS 链接至该应用程序中。

如前所述，GraphCMS 公开了一些 GraphQL API，因而需要通过相关协议连接至 API。第 4 章曾讨论了如何利用 Apollo 连接至 GraphQL 端点。出于简单考虑，此处将使用 graphql-request 库连接至 GraphCMS。

相应地，可使用 Yarn 连接 graphql-request。

```
yarn add graphql-request graphql
```

下面创建一个基本的 GraphQL 界面并将 GraphCMS 连接至商店。首先创建一个名为 lib/graphql/index.js 的新文件，并添加下列内容。

```
import { GraphQLClient } from 'graphql-request';

const { GRAPHCMS_ENDPOINT, GRAPHCMS_API_KEY = null } = process.env;
const authorization = `Bearer ${GRAPHCMS_API_KEY}`;

export default new GraphQLClient(GRAPHCMS_ENDPOINT, {
  headers: {
    ...(GRAPHCMS_API_KEY && { authorization} }),
  },
});
```

可以看到，其中创建了一组环境变量，即 GRAPHCMS_ENDPOINT 和 GRAPHCMS_API_KEY。这里，第 1 个环境变量包含了 GraphCMS 端点 URL，第 2 个环境变量是一个可选的 API 密钥以访问受保护的数据。

实际上，GraphCMS 可公开地展示其数据，这在特定的环境下将十分方便。在其他情况下，数据仅可供授权后的客户端访问，因而需要使用 API 密钥。

通过 GraphCMS 仪表板中的 Settings 和 API Access，可检索这些环境变量值，如

图 13.2 所示。

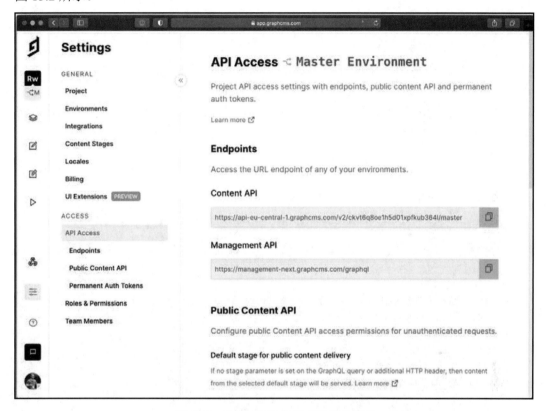

图 13.2　GraphCMS 中的 API 访问管理

当前，可使用 Content API 并将其作为 GRAPHCMS_ENDPOINT 值置于代码库的.env.local 文件中。如果该文件不存在，可从头开始创建它，如下所示。

```
GRAPHCMS_ENDPOINT=https://api-eu-central-1.graphcms.com/v2/
ckvt6q8oe1h5d01xpfkub364l/master
```

接下来设置 API 密钥，以在 CMS 上执行突变操作（如付款后保存订单）。对此，可使用 API Access 部分的 Permanent Auth Tokens 下的默认 Mutation 令牌，该令牌由 GraphCMS 为我们创建。当对其进行检索时，可简单地将其作为 GRAPHCMS_API_KEY 值添加至.env.local 文件中。

在连接至 CMS 后，即可通过 GraphQL API 读取、写入，甚至是更新或删除数据。稍后将以此创建店面和商品详细信息页面。

13.4　创建店面、购物车和商品详细信息页面

GraphCMS 提供了制作良好、可靠的开源模板创建电子商务网站，读者可访问 https://github.com/GraphCMS/graphcms-commerce-starter 查看更多信息。

此处将不再使用基础模板，因为我们需要了解特定技术决策背后的具体原因，以将如何解决开发阶段所产生的种种问题。

也就是说，我们将为店面开发第 1 个重要的组件。

相应地，我们将把应用程序整体封装至 Chakra UI 中，以便每个页面均包含相似的布局。对此，打开 _app.js 文件并添加下列组件。

```
import { Box, Flex, ChakraProvider } from '@chakra-ui/react';

function MyApp({ Component, pageProps }) {
  return (
<ChakraProvider>
  <Flex w="full" minH="100vh" bgColor="gray.100">
    <Box maxW="70vw" m="auto">
      <Component {...pageProps} />
    </Box>
  </Flex>
</ChakraProvider>
  );
}

export default MyApp;
```

接下来考虑如何在主页上展示商品。首先需要通过 CMS 检查 GraphQL API 提供的数据。对此，可访问仪表板的 API Playground 部分，如图 13.3 所示。此处可编写 GraphQL 查询，利用 Explorer 功能可帮助我们轻松地创建高度可定制的 GraphQL 查询。

图 13.3 所示的查询正在检索全部公开的商品。另外，也可在 Next.js 应用程序中使用该查询。相应地，可创建新的 /lib/graphql/queries/getAllProducts.js 文件并添加下列内容。

```
import { gql } from 'graphql-request';

export default gql`
  query GetAllProducs {
    products {
      id
```

```
    name
    slug
    price
    images {
      id
      url
    }
  }
}
`;
```

图 13.3　GraphCMS API Playground

下面准备获取全部商品以填写主页。当在构建期内生成一个静态页面时，可访问 pages/index.js 页面并检索 getStaticProps 函数中的商品。

```
import graphql from '../lib/graphql';
import getAllProducts from '../lib/graphql/queries/getAllProducts';
```

```
export const getStaticProps = async () => {
 const { products } = await graphql.request(getAllProducts)
 return {
  props: {
    products,
   },
 };
};
```

关于如何创建新的商品并即刻在主页中对其加以显示，这里包含下列两种选择方案。

（1）使用 getServerSideProps（而非 getStaticProps），这将以动态方式在每个请求上生成页面。第 10 章讨论了该方法的缺陷。

（2）采用增量静态再生，以便在一段时间后重新生成页面，包括任何新的 API 更改。

这里将采用第 2 种方案，并将下列属性添加至返回的 getStaticProps 对象中。

```
import graphql from '../lib/graphql';
import getAllProducts from '../lib/graphql/queries/getAllProducts';

export const getStaticProps = async () => {
 const { products } = await graphql.request(getAllProducts)
 return {
  revalidate: 60, // 60 seconds
  props: {
    products,
   },
 };
};
```

下面准备在主页上显示全部商品。对此，在/components/ProductCard/index.js 中创建新组件，并公开下列函数。

```
import Link from 'next/link';
import { Box, Text, Image, Divider } from '@chakra-ui/react';

export default function ProductCard(props) {
 return (
   <Link href={`/product/${props.slug}`} passHref>
     <Box
       as="a"
       border="1px"
       borderColor="gray.200"
```

```
            px="10"
            py="5"
            rounded="lg"
            boxShadow="lg"
            bgColor="white"
            transition="ease 0.2s"
            _hover={{
            boxShadow: 'xl',
            transform: 'scale(1.02)',
            }}>
      <Image src={props.images[0]?.url} alt={props.name} />
      <Divider my="3" />
      <Box>
        <Text fontWeight="bold" textColor="purple"
          fontSize="lg">{props.name}
        </Text>
        <Text textColor="gray.700">€{props.price/ 100}</Text>
      </Box>
    </Box>
  </Link>
  );
}
```

可以看到，该组件显示了一个商品卡片，其中包含了商品图像、名称和价格。

当查看上述代码中的 prop（粗体显示）时，将会看到它是与 GraphCMS 返回的数据一一对应的。这也可被视为 GraphQL 的一个优点，也就是说，在对数据进行查询时允许我们对该数据进行建模，进而可方便地构建组件、函数，甚至是与其相关的算法。

在持有 ProductCard 组件后，可将其导入主页中，并以此显示从 CMS 中获取的全部商品。

```
import { Grid } from '@chakra-ui/layout';
import graphql from '../lib/graphql';
import getAllProducts from '../lib/graphql/queries/getAllProducts';
import ProductCard from '../components/ProductCard';

export async const getStaticProps = () => {
  // ...
}

export default function Home(props) {
  return (
<Grid gridTemplateColumns="repeat(4, 1fr)" gap="5">
```

```
  {props.products.map((product) => (
  <ProductCard key={product.id} {...product} />
      ))}
</Grid>
  );
}
```

当启动开发服务器并访问 http://localhost:3000 时，将会看到如图 13.4 所示的店面。

图 13.4   第 1 个基于 Next.js 的店面

在持有一个有效店面后，还需要创建一个商品页面。

关于主页，我们将使用 SSG+ISR 构建全部商品页面，这有助于我们维护较好的性能并改进 SEO 和用户体验。

在 pages/product/[slug].js 中创建一个新文件，并编写下列函数定义。

```
export async function getStaticPaths() {}

export async function getStaticProps() {}

export default function ProductPage() {}
```

读者可能已经猜测到，我们需要针对每件商品生成一个新页面，对此可使用 Next.js 的保留函数 getStaticPaths。

在 getStaticPaths 函数内，将查询 CMS 中所有的商品，随后针对每件商品生成动态 URL 路径。通过这种方式，在构建期内，Next.js 将生成站点所需的全部页面。

稍后将介绍其他两个函数。

接下来需要编写一个 GraphQL，以获取 GraphCMS 中的全部商品。出于简单考虑。可复用针对主页所编写的查询操作。该操作已获取全部商品，且包含其 slug（商品 URL 中的一部分内容）。

下面更新商品页面，即针对库存中的全部商品生成一个 GraphCMS 请求。

```
import graphql from '../../lib/graphql';
import getAllProducts from '../../lib/graphql/queries/getAllProducts';

export async function getStaticPaths() {
  const { products } = await
    graphql.request(getAllProducts);

  const paths = products.map((product) => ({
    params: {
      slug: product.slug,
    },
  }));

  return {
    paths,
    fallback: false,
  };
}
```

经编辑后将返回一个对象，其中包含在构建时需要生成的所有页面。实际上，返回对象应如下所示。

```
{
  paths: [
    {
      params: {
        slug: "unisex-long-sleeve-tee"
      }
    },
    {
      params: {
```

```
      slug: "snapback"
    }
  },
  // ...
  ]
  fallback: false
}
```

正如读者所猜测的那样，这有助于 Next.js 将给定的/product/[slug]路由与正确的商品 slug 进行匹配。

当前需要创建一个 GraphQL 查询，以获取单件商品的详细信息。对此，可在 lib/graphql/queries/getProductDetail.js 下创建一个新文件，并添加下列内容。

```
import { gql } from 'graphql-request';

export default gql`
  query GetProductBySlug($slug: String!) {
  products(where: { slug: $slug }) {
    id
    images(first: 1) {
    id
    url
  }
    name
    price
    slug
    description
  }
}
`;
```

经过上述查询，我们将获取全部商品，其 slug 与$slug 查询变量匹配。由于 slug 属性在 GraphCMS 中是唯一的：如果所请求的商品存在，那么它将返回一个仅包含一个结果的数组；如果不存在，则返回一个空数组。

下面导入该查询并编辑 getStaticProps 函数。

```
import graphql from '../../lib/graphql';
import getAllProducts from '../../lib/graphql/queries/getAllProducts';
import getProductDetail from '../../lib/graphql/queries/getProductDetail';

export async function getStaticProps({ params }) {
  const { products } = await
```

```
  graphql.request(getProductDetail, {
  slug: params.slug,
});

return {
  props: {
    product: products[0],
  },
};
}
```

下面仅需要创建产品页面布局，其中包含产品的图像、标题、简要描述、价格和数量选择。对此，可通过下列方式编辑 ProductPage 函数。

```
import { Box, Flex, Grid, Text, Image, Divider, Button,
  Select } from '@chakra-ui/react';

// ...

function SelectQuantity(props) {
 const quantity = [...Array.from({ length: 10 })];
 return (
 <Select placeholder="Quantity"
  onChange={(event) =>props.onChange(event.target.value)}>
    {quantity.map((_, i) => (
  <option key={i + 1} value={i + 1}>
    {i + 1}
  </option>
  ))}}
 </Select>
 );
}

export default function ProductPage({ product }) {
 return (
    <Flex rounded="xl" boxShadow="2xl" w="full" p="16" bgColor="white">
    <Image height="96" width="96" src={product.images[0].url}/>
    <Box ml="12" width="container.xs">
    <Text as="h1" fontSize="4xl" fontWeight="bold">
      {product.name}
    </Text>
    <Text lineHeight="none" fontSize="xl" my="3"
    fontWeight="bold" textColor="blue.500">
```

```
    €{product.price / 100}
  </Text>
  <Text maxW="96" textAlign="justify" fontSize="sm">
    {product.description}
  </Text>
  <Divider my="6" />
  <Grid gridTemplateColumns="2fr 1fr" gap="5" alignItems="center">
  <SelectQuantityonChange={() => {}} />
  <Button colorScheme="blue">
    Add to cart
  </Button>
  </Grid>
  </Box>
  </Flex>
);
}
```

当启动开发服务器并打开一个商品页面后，将看到如图 13.5 所示的内容。

图 13.5　单件商品的详细信息页面

至此，我们可在主页和商品页之间进行导航。相应地，我们需要构建一个导航栏，以使我们可返回店面中或访问购物车，进而查看希望购买的商品并随后付款。

我们可轻松地创建一个导航栏。对此，打开 components/NavBar/index.js 下的新文件，并添加下列内容。

```
import Link from 'next/link';
import { Flex, Box, Button, Text } from '@chakra-ui/react';
import { MdShoppingCart } from 'react-icons/md';

export default function NavBar() {
  return (
    <Box position="fixed" top={0} left={0} w="full"
    bgColor="white" boxShadow="md">
    <Flex width="container.xl" m="auto" p="5"
      justifyContent="space-between">
    <Link href="/" passHref>
    <Text textColor="blue.800" fontWeight="bold" fontSize="2xl" as="a">
      My e-commerce
    </Text>
    </Link>
    <Box>
    <Link href="/cart" passHref>
      <Button as="a">
        <MdShoppingCart />
      </Button>
    </Link>
    </Box>
    </Flex>
    </Box>
  );
}
```

除此之外，还需要安装 react-icons 库。顾名思义，react-icons 库可被视为一个包，其中包含了数百个基于 React 项目的精美图标。

```
yarn add react-icons
```

现在仅需通过包含最新的 NavBar 组件更新_app.js 文件，以便在所有的应用程序页面上进行渲染。

```
import { Box, Flex, ChakraProvider } from '@chakra-ui/react';
import NavBar from '../components/NavBar';

function MyApp({ Component, pageProps }) {
  return (
    <ChakraProvider>
```

```
    <Flex w="full" minH="100vh" bgColor="gray.100">
    <NavBar />
    <Box maxW="70vw" m="auto">
      <Component {...pageProps} />
    </Box>
    </Flex>
    </ChakraProvider>
  );
}

export default MyApp;
```

最终，我们可在店面和商品页面间导航并返回。

至此，我们的站点已初步成型，但还希望能够向购物车中添加商品。类似的场景可参考第 5 章。

另外，我们还需要创建一个 React 上下文，以保存购物列表，直至用户付款完毕。

首先需要在 lib/context/Cart/index.js 下创建一个新文件，并编写下列脚本。

```
import { createContext } from 'react';

const CartContext = createContext({
  items: {},
  setItems: () => {},
});

export default CartContext;
```

当前，需要将整个应用程序封装在上下文中。打开_app.js 文件并按照下列方式进行编辑。

```
import { useState } from 'react';
import { Box, Flex, ChakraProvider } from '@chakra-ui/react';
import NavBar from '../components/NavBar';
import CartContext from '../lib/context/Cart';

function MyApp({ Component, pageProps }) {
  const [items, setItems] = useState({});

  return (
    <ChakraProvider>
    <CartContext.Provider value={{ items, setItems }}>
    <Flex w="full" minH="100vh" bgColor="gray.100">
    <NavBar />
```

```
    <Box maxW="70vw" m="auto">
      <Component {...pageProps} />
    </Box>
  </Flex>
  </CartContext.Provider>
  </ChakraProvider>
 );
}

export default MyApp;
```

这与第 5 章生成的上下文十分相似。

接下来将单件商品链接至当前上下文，进而将商品添加至购物车中。打开 components/ProductCard/index.js 文件，并将上下文链接至 select quantity 和 add to cart 动作。

```
import { useContext, useState } from 'react';
import CartContext from '../../lib/context/Cart';
// ...

export default function ProductPage({ product }) {
  const [quantity, setQuantity] = useState(0);
  const { items, setItems } = useContext(CartContext);

  const alreadyInCart = product.id in items;

  function addToCart() {
    setItems({
    ...items,
    [product.id]: quantity,
  });
  }

return (
  <Flex rounded="xl" boxShadow="2xl" w="full" p="16" bgColor="white">
  <Image height="96" width="96" src={product.images[0].url} />
  <Box ml="12" width="container.xs">
    <Text as="h1" fontSize="4xl" fontWeight="bold">
      {product.name}
    </Text>
    <Text lineHeight="none" fontSize="xl" my="3"
      fontWeight="bold" textColor="blue.500">
        €{product.price / 100}
    </Text>
```

```
    <Text maxW="96" textAlign="justify" fontSize="sm">
        {product.description}
    </Text>
    <Divider my="6" />
    <Grid gridTemplateColumns="2fr 1fr" gap="5" alignItems="center">
    <SelectQuantity
      onChange={(quantity)=>setQuantity
      (parseInt(quantity))}
    />
    <Button colorScheme="blue" onClick={addToCart}>
        {alreadyInCart ? 'Update' : 'Add to cart'}
    </Button>
    </Grid>
  </Box>
</Flex>
  );
}
```

此外还应展示购物车中的商品数量。对此，可将 NavBar 组件链接至同一 CartContext 处，如下所示。

```
import { useContext } from 'react';
import Link from 'next/link';
import { Flex, Box, Button, Text } from '@chakra-ui/react';
import { MdShoppingCart } from 'react-icons/md';
import CartContext from '../../lib/context/Cart';

export default function NavBar() {
  const { items } = useContext(CartContext);

  const itemsCount = Object
    .values(items)
    .reduce((x, y) => x + y, 0);

  return (
    <Box position="fixed" top={0} left={0} w="full"
      bgColor="white" boxShadow="md">
    <Flex width="container.xl" m="auto" p="5"
      justifyContent="space-between">
    <Link href="/" passHref>
    <Text textColor="blue.800" fontWeight="bold"
      fontSize="2xl" as="a">
        My e-commerce
```

```
      </Text>
    </Link>
<Box>
<Link href="/cart" passHref>
  <Button as="a">
    <MdShoppingCart />
<Text ml="3">{itemsCount}</Text>
  </Button>
</Link>
</Box>
</Flex>
</Box>
  );
}
```

当前，我们能够将商品添加至购物车中。在此基础上，还需创建购物车自身。接下来创建一个新的 pages/cart.js 文件，并向其中添加下列组件。

```
import { useContext, useEffect, useState } from 'react';
import { Box, Divider, Text } from '@chakra-ui/react';

export default function Cart() {
  return (
    <Box
      rounded="xl"
      boxShadow="2xl"
      w="container.lg"
      p="16"
      bgColor="white"
    >
    <Text as="h1" fontSize="2xl" fontWeight="bold">
      Cart
    </Text>
    <Divider my="10" />
    <Box>
      <Text>The cart is empty.</Text>
    </Box>
    </Box>
  );
}
```

这可被视为购物车页面的默认状态。当用户将任意商品置入购物车中后，应在此对商品予以显示。

对此，可使用刚刚创建的购物车上下文，这将通知我们相应的 ID 和每件商品的数量。

```
import { useContext, useEffect, useState } from 'react';
import { Box, Divider, Text } from '@chakra-ui/react';
import cartContext from '../lib/context/Cart';

export default function Cart() {
  const { items } = useContext(cartContext);

  return (
   // ...
  );
}
```

最终，得到了一个{[product_id]: quantity}格式的、包含每件商品 ID 和数量的对象。

我们可使用该对象的键，并通过一个放置在 lib/graphql/queries/getProductsById.js 下的新查询，从 GraphCMS 中获取所有需要的产品。

```
import { gql } from 'graphql-request';

export default gql`
  query GetProductByID($ids: [ID!]) {
  products(where: { id_in: $ids }) {
    id
    name
    price
    slug
    }
  }
`;
```

一旦完成了查询的编写，就可返回 cart.js 文件中并通过 useEffect React Hook 对其予以实现，以便页面载入后获取全部商品。

```
import { useContext, useEffect, useState } from 'react';
import { Box, Divider, Text } from '@chakra-ui/react';
import graphql from '../lib/graphql';
import cartContext from '../lib/context/Cart';
import getProductsById from '../lib/graphql/queries/getProductsById';

export default function Cart() {
  const { items } = useContext(cartContext);
  const [products, setProducts] = useState([]);
  const hasProducts = Object.keys(items).length;

  useEffect(() => {
    // only fetch data if user has selected any product
```

```
  if (!hasProducts) return;

graphql.request(getProductsById, {
    ids: Object.keys(items),
  })
  .then((data) => {
    setProducts(data.products);
  })
  .catch((err) =>console.error(err));
}, [JSON.stringify(products)]);

return (
  // ...
);
}
```

当尝试向购物车中加入一组商品并随后移至购物车页面中时，将看到如图 13.6 所示
的错误信息。

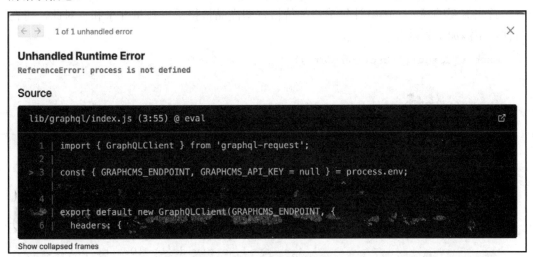

图 13.6　浏览器无法找到 process 变量

Next.js 通知我们，process 变量（包含全部环境变量）在浏览器上未找到。虽然该变
量未受到官方浏览器的支持，但 Next.js 提供了一个相应的方案，我们仅需稍作修改即可
发挥其功效。

首先需要将 GRAPHCMS_ENDPOINT 重命名为 NEXT_PUBLIC_GRAPHCMS_
ENDPOINT。通过将 NEXT_PUBLIC_置于环境变量之前，Next.js 将添加一个在浏览器上
可用的 process.env 对象，同时仅公开公共变量。

首先在.env.local 文件中稍作修改，随后返回 lib/graphql/index.js 文件中并再次进行修改。

```
import { GraphQLClient } from 'graphql-request';

const GRAPHCMS_ENDPOINT = process.env.NEXT_PUBLIC_GRAPHCMS_ENDPOINT;
const GRAPHCMS_API_KEY = process.env.GRAPHCMS_API_KEY;

const authorization = `Bearer ${GRAPHCMS_API_KEY}`;

export default new GraphQLClient(GRAPHCMS_ENDPOINT, {
  headers: {
    ...(GRAPHCMS_API_KEY && { authorization }),
  },
});
```

注意，这里并未修改 GRAPHCMS_API_KEY 环境变量。因为该变量包含了不宜公开的私有数据。

在解决了上述问题后，接下来将构建购物车页面。

首先需要编写一个函数计算最终的价格，即商品价格乘以数量并求和。对此，可在组件体中添加下列函数。

```
export default function Cart() {
  // ...

function getTotal() {
  if (!products.length) return 0;

  return Object.keys(items)
    .map(
      (id) =>
        products.find((product) => product.id === id).price
        * (items[id] / 100)  // Stripe requires the prices to be
                             // integers (i.e., €4.99 should be
                             // written as 499). That's why
                             // we need to divide by 100 the prices
                             // we get from GraphCMS, which are
                             // already in the correct
                             // Stripe format
    )
    .reduce((x, y) => x + y)
    .toFixed(2);
  }

// ...
}
```

通过包含添加至购物车中的商品列表，可更新返回 JSX 的组件。

```
return (
  <Box
    rounded="xl"
    boxShadow="2xl"
    w="container.lg"
    p="16"
    bgColor="white">
  <Text as="h1" fontSize="2xl" fontWeight="bold">
    Cart
  </Text>
  <Divider my="10" />
  <Box>
    {!hasProducts ? (
  <Text>The cart is empty.</Text>
    ) : (
  <>
    {products.map((product) => (
  <Flex
    key={product.id}
    justifyContent="space-between"
    mb="4">
  <Box>
  <Link href={`/product/${product.slug}`} passHref>
  <Text
    as="a"
    fontWeight="bold"
    _hover={{
    textDecoration: 'underline',
    color: 'blue.500' }}>
    {product.name}
    <Text as="span" color="gray.500">
    {' '}
    x{items[product.id]}
  </Text>
  </Text>
  </Link>
  </Box>
  <Box>
    €{(items[product.id] *
    (product.price / 100)).toFixed(2)}
  </Box>
  </Flex>
    ))}
```

```
    <Divider my="10" />
    <Flex
      alignItems="center"
      justifyContent="space-between">
      <Text fontSize="xl" fontWeight="bold">
        Total: €{getTotal()}
      </Text>
    <Button colorScheme="blue"> Pay now </Button>
    </Flex>
    </>
      )}
</Box>
</Box>
  );
}
```

至此，购物车的管理工作暂告一段落。接下来将通过选择一种金融服务处理支付问题，如 Stripe、PayPal 或 Braintree。

稍后将讨论如何实现基于 Stripe 的支付特性。

13.5   利用 Stripe 处理支付问题

Stripe 是较好的金融服务之一，它易于使用并提供了丰富的文档以帮助我们理解如何集成其 API。

在进一步讨论之前，首先应确保在 https://stripe.com 上开启一个账户。

在持有一个账户后，即可登录并访问 https://dashboard.stripe.com/apikeys，并于其中检索下列信息：可发布密钥和秘密密钥。同时按照下列命名规则将其存储至两个环境变量中。

```
NEXT_PUBLIC_STRIPE_SHARABLE_KEY=
STRIPE_SECRET_KEY=
```

注意，不应公开 STRIPE_SECRET_KEY 变量，并且.env.local 文件不会因为包含在.gitignore 文件中而被添加至 Git 历史记录中。

接下来在项目中安装 Stripe JavaScript SDK。

```
yarn add @stripe/stripe-js stripe
```

一旦安装了这两个包，就可以在 lib/stripe/index.js 下创建一个新的文件，其中包含下列脚本。

```
import { loadStripe } from '@stripe/stripe-js';
```

```
const key = process.env.NEXT_PUBLIC_STRIPE_SHARABLE_KEY;

let stripePromise;

const getStripe = () => {
  if (!stripePromise) {
    stripePromise = loadStripe(key);
  }
  return stripePromise;
};

export default getStripe;
```

即使多次返回购物车页面中，该脚本也会确保仅加载一次 Stripe。

此时需要创建一个 API 页面以生成 Stripe 会话。通过这样做，Stripe 将生成一个安全的支付页面，并重定向用户以使其添加支付和送货信息。待下单完毕，用户将被重定向至所选的登录页面上，稍后即会看到这一操作。

下面在/pages/api/checkout/index.js 下创建一个新的 API 路由，并向其中编写一个基础的 Stripe 支付会话请求。

```
import Stripe from 'stripe';

const stripe = new Stripe(process.env.STRIPE_SECRET_KEY);

export default async function handler(req, res) {

}
```

一旦完成了基础函数的创建，我们就需要进一步了解 Stripe 完成会话所需的数据。相应地，我们需要以特定的顺序传递下列数据。

❏ 全部所购买的商品，必须包含名称、数量和图像（可选）。

❏ 全部有效的支付方法（信用卡、Alipay、SEPA Debit 或其他支付方法，如 Klarna）。

❏ 运费。

❏ 成功或取消后的重定向 URL。

针对第 1 点，我们方便地将整个购物车上下文对象传递至此端点，包括要购买的商品 ID 及其数量。此外还需要向 GraphCMS 请求商品的详细信息。对此，可在 lib/graphql/queries/getProductDetailsById.js 下创建一个特定的查询，如下所示。

```
import { gql } from 'graphql-request';
.......
export default gql`
```

```
query GetProductDetailsByID($ids: [ID!]) {
  products(where: { id_in: $ids }) {
    id
    name
    price
    slug
    description
    images {
      id
        url
    }
  }
}
`;
```

返回/pages/api/checkout/index.js API 页面中，并开始实现查询以检索商品的详细信息。

```
import Stripe from 'stripe';
import graphql from '../../../lib/graphql';
import getProductsDetailsById from '../../../lib/graphql/
queries/getProductDetailsById';

const stripe = new Stripe(process.env.STRIPE_SECRET_KEY);

export default async function handler(req, res) {
  const { items } = req.body;
  const { products } = await graphql
    .request(getProductsDetailsById, { ids: Object.keys(items)
});

}
```

Stripe 需要一个包含名为 line_items 属性的配置对象，该属性描述了所购买的全部商品。在持有全部商品信息后，可通过下列方式整合该属性。

```
export default async function handler(req, res) {
  const { items } = req.body;
  const { products } = await graphql
    .request(getProductsDetailsById, { ids: Object.keys(items) });

  const line_items = products.map((product) => ({
    // user can change the quantity during checkout
    adjustable_quantity: {
      enabled: true,
      minimum: 1,
    },
```

```
price_data: {
// of course, it can be any currency of your choice
  currency: 'EUR',
  product_data: {
    name: product.name,
    images: product.images.map((img) => img.url),
    },
// please note that GraphCMS already returns the price in the
// format required by Strapi: €4.99, for instance, should be
// passed to Stripe as 499.
  unit_amount: product.price,
  },
  quantity: items[product.id],
}));
```

例如，如果用户从商店中购买了多个背包，line_items 数组则如下所示。

```
[
  {
    "adjustable_quantity": {
      "enabled": true,
      "minimum": 1
    },
    "price_data": {
      "currency": "EUR",
      "product_data": {
        "name": "Backpack",
        "images": [
          https://media.graphcms.com/U5y09n80TpuRKJU6Gue1
        ]
      },
      "unit_amount": 4999
    },
    "quantity": 2
  }
]
```

通过使用 line_items 和某些附加信息，可开始编写 Stripe 支付会话请求。

```
export default async function handle(req, res) {

  // ...

  const session = await stripe.checkout.sessions.create({
    mode: 'payment', // can also be "subscription" or "setup"
    line_items,
```

```
    payment_method_types: ['card', 'sepa_debit'],
    // the server doesn't know the current URL, so we need to write
    // it into an environment variable depending on the current
    // environment. Locally, it should be URL=http://localhost:3000
    success_url: `${process.env.URL}/success`,
    cancel_url: `${process.env.URL}/cancel`,
  });

  res.status(201).json({ session });
}
```

目前，还需要获取送货信息，并将其存储至两个不同的 Stripe 会话属性中，即 shipping_address_collection 和 shipping_options。

对此，可在 handler 函数外部创建两个新变量。不过，正如读者所想象的那样，这完全可以由 CMS 驱动。

出于简单考虑，下面创建第 1 个 shipping_address_collection 变量。

```
export const shipping_address_collection = {
  allowed_countries: ['IT', 'US'],
};
```

可以看到，可通过手动方式选择运送的国家以限制发货范围。如果打算在全球范围内发货的话，可简单地避免向 Stripe 会话传递 shipping_address_collection 属性。

第 2 个变量稍显复杂，并且允许我们通过不同的运费创建不同的发货方法。假设我们提供免费的送货服务，送货时间需要 3～5 个工作日，并提供 4.99 欧元（约 34.4225 元人民币）的快递服务。

对此，可创建下列发货选项数组。

```
export const shipping_options = [
  {
    shipping_rate_data: {
      type: 'fixed_amount',
      fixed_amount: {
        amount: 0,
        currency: 'EUR',
    },
    display_name: 'Free Shipping',
delivery_estimate: {
      minimum: {
        unit: 'business_day',
        value: 3,
      },
      maximum: {
```

```
        unit: 'business_day',
        value: 5,
      },
    },
  },
},
{
shipping_rate_data: {
    type: 'fixed_amount',
fixed_amount: {
      amount: 499,
      currency: 'EUR',
    },
display_name: 'Next day air',
delivery_estimate: {
      minimum: {
        unit: 'business_day',
        value: 1,
      },
      maximum: {
        unit: 'business_day',
        value: 1,
      },
    },
  },
},
];
```

送货对象则具有自解释性。最后，将这两个新属性添加至 Stripe 支付会话中。

```
export default async function handle(req, res) {

  // ...

  const session = await stripe.checkout.sessions.create({
    mode: 'payment', // can also be "subscription" or "setup"
    line_items,
    payment_method_types: ['card', 'sepa_debit'],
    // the server doesn't know the current URL, so we need to write
    // it into an environment variable depending on the current
    // environment. Locally, it should be URL=http://localhost:3000
    shipping_address_collection,
    shipping_options,
      success_url: `${process.env.URL}/success`,
      cancel_url: `${process.env.URL}/cancel`,
```

```
   });

      res.status(201).json({ session });
}
```

当前，可通过一个会话对象进行回复，该对象包含一个前端使用的重定向 URL，并将用户重定向至 Stripe 托管的支付页面上。

针对于此，我们返回 pages/cart.js 页面中并添加下列函数。

```
import loadStripe from '../lib/stripe';

// ...

export default function Cart() {
  // ...

  async function handlePayment() {
    const stripe = await loadStripe();
    const res = await fetch('/api/checkout', {
      method: 'POST',
      headers: {
        'Content-Type': 'application/json',
      },
      body: JSON.stringify({
        items,
      }),
    });

    const { session } = await res.json();
    await stripe.redirectToCheckout({
      sessionId: session.id,
    });
  }

  // ...

}
```

最后，我们仅需将该函数链接至 Cart 函数返回的 JSX 中的 Pay now 按钮即可。

```
// ...
<Button colorScheme="blue" onClick={handlePayment}>
    Pay now
</Button>
// ...
```

接下来对支付流进行验证。对此，启动开发服务器，并向购物车中添加一组商品，随后访问 Cart 部分并单击 Pay now 按钮。在基于 Stripe 的支付页面上，我们插入了送货信息、选择了所需的支付方法，并修改了购物车中每件商品的数量，如图 13.7 所示。

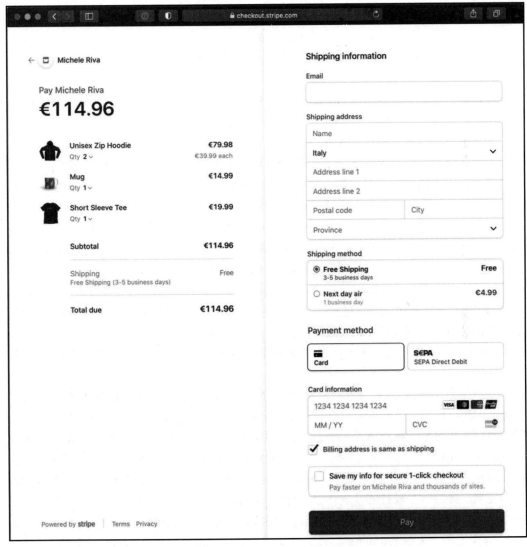

图 13.7　Stripe 支付页面

可以看到，用户被重定向至 Michele Riva 商店（左上方），因为此处通过个人名称开启了 Stripe 账户。如果用户打算执行相同操作并自定义商店名称，则可在 Stripe 仪表板中对此进行编辑。

　　单击左上角的商店名，用户将被重定向至在 pages/api/checkout/index.js 页面中设置的 cancel_url 上。如果购买成功，用户则被重定向至 success_url 上。这两个页面将作为练习留与读者。

13.6　本章小结

　　前述章节考查了如何利用 GraphCMS 和 Stripe 构建电子商务网站。其间，GraphCMS 和 Stripe 可帮助我们实现可扩展的、安全的和可维护的店面。

　　本章则在此基础上进行了改进，但仍存在进步的空间。

　　例如，如果希望在 Stripe 支付页面和购物车页面之间进行导航，那么购物车将显示为空状态，因为购物车上下文尚未被持久化。那么，对于创建用户并查看购物进程、订单历史以及其他一些有用信息，情况又当如何？

　　这些都是相对复杂的话题，且会涉及大量的内容。但有一点肯定的是，一旦了解了如何通过 Auth0 处理用户和身份验证、GraphCMS 上的商品库存和订单历史，以及 Stripe 上的支付操作，我们就拥有了创建用户体验和开发工作流的全部元素。

　　Vercel 团队近期还发布了最新版本的 Next.js Commerce，该模板可被绑定至 Shopify、Saleor、BigCommerce 以及其他一些电子商务平台，并可快速地为店面生成自定义 UI。本章并未对 Next.js Commerce 进行深入的讨论，因为该模板抽象了大部分连接不同系统（如 Stripe 和 GraphCM，或 PayPal 和 WordPress）所需的工作；而我们所需的任务则是理解其实现方式。

　　本章考查了如何将无头 CMS 集成至 Next.js 前端中。具体过程并不复杂，因为 GraphCMS 与开发人员的体验过程紧密结合，并允许我们充分利用面向现代 Web 而构建的、编写良好的 GraphQL API。但是，相同的场景并不适用于其他 CMS。在 Web 早期发展过程中，当维护一个全栈方案时，可采用 CMS 构建应用程序的前端和后端。时至今日，即使那些较早的 CMS 平台也处于不断的发展中——这要感谢社区的努力，旨在将 Next.js 作为前端以提供一个较好的开发体验。例如，WordPress 插件可从已有的站点中生成良好的 GraphQL API，可使用 WordPress 作为完整的无头 CMS，进而构建健壮、高性能、定制的 Next.js 前端。关于 WordPress，读者可访问 https://www.wpgraphql.com 查看更多信息。同样，Drupal 是另一个流行的开源 CMS，并公开了基于 GraphQL 模块的 GraphQL API，读者可访问 https://www.drupal.org/project/graphql 以了解更多内容。

　　第 14 章将简要地回顾我们所学的知识，并查看一些基于 Next.js 的示例项目。

第 14 章　示　例　项　目

前述章节介绍了与 Next.js 相关的大量知识，在此基础上，我们将能够创建一个大型网站，同时了解某个框架所蕴含的各种可能性。

本章将结合前述知识考查 Next.js 接下来能够做些什么。

本章主要包含下列主题。

❑　回顾本书所学的知识。

❑　接下来能够做些什么。

❑　基于 Next.js 的项目操作理念。

在阅读完本章后，作为一名 Next.js 开发人员，读者将能够明确后续开发任务。

14.1　框架及其可能性

自开始介绍 Next.js 以来，我们见识了该框架的各种特性，进而构建良好、快速的 Web 站点。

当谈论某个框架时，我们应该意识到，框架并不仅仅是一种技术。社区、开发思想和生态环境同样不可或缺且值得深入考查。

实际上，Next.js 不仅仅是一个 Web 框架。我们见证了其进化方式，进而构建前端和后端上的应用程序。同时，Next.js 还提供了诸多特性以简化开发任务并提升用户体验。

在谈及 Next.js 时，这里不得不介绍 Vercel 的独创性。

Vercel 不仅通过了应用程序的部署平台，同时还增强了 Web 框架及其生态圈。

随着 Next.js 11 的出现，Vercel 团队还发布了 Next.js Live，如图 14.1 所示。这是一个 Web 浏览器环境，并在 Next.js 应用程序编码时实现了团队的实时协同操作。

Next.js Live 仍处于测试阶段，但确实值得推荐。Next.js Live 在调试、设计和测试任何基于 Next .js 的网站时，它可以提高团队的工作效率。

除了 Vercel，社区和个人贡献者也创建了大量的扩展和库，在构建真实的 Next.js 应用程序时，这将极大地简化我们的工作流程。

前述内容已经使用到其中的某些特性，此外，还存在许多包可帮助我们轻松地实现各种结果。

图 14.1　Next.js Live 的实时编码

另外，GitHub 存储库中也列出了一些工具、教程和库，如 https://github.com/unicodeveloper/awesome-nextjs。其中，我们可针对相关需求查看各种高质量的包。

当查看这些库、文章和教程时，可以看到 Next.js 的强大功能依赖于许多不同的特性。或许，Next.js 是为"全栈 React.js 框架"而生的，但现在它涵盖了更加重要和多样化的内容。

实际上，我们可以清楚地看到，Next.js 更像是一个通用框架，可以用于构建任何类型的应用程序。

过去，我们常常根据兴趣领域区分 Web 框架和技术。例如，如果构建一个复杂的交互产品，一般的选择仅限于 Ruby on Rails、Symphony 或 Spring Boot 等。

假设需要构建一个简单的公司网站。对此，可能会选择一个静态站点生成器，如 Jekyll，或者是一个简单的 CMS，如 WordPress。

这里，并不是说 Next.js 改变了一切，它仅是通过简单方案替代了一些技术和框架。对于 Web 开发，当构建 REST API（通过 API 页面）、React 组件、后端逻辑、用户界面（UI）等时，整个团队可在某个独立项目上方便地协同工作。

当采用 Next.js 作为 Web 框架时，我们应该考虑的另一件事是它在架构层面上所产生的影响。

第 11 章曾介绍了如何根据特性和功能制定与 Next.js 应用程序托管相关的决策。

几年前，一些标准的实践方案要求在托管服务器上部署任何 Web 应用程序。当今，我们有许多不同的机会可增强用户的浏览体验，并为应用程序提供多种选择。对于更经典的技术栈，如 Laravel 或 Ruby on Rails，我们仅限于几个选项；我们可以将它们部署在 AWS EC2 集群或任何公司托管的虚拟私有服务器上。Next.js 则可通过构建期静态渲染特定页面，或者运行期服务器端渲染其他页面，进而允许我们考查多种替代方案以实现更好的部署管线和用户体验。这可被视为游戏规则的改变者。

综上所述，Next.js 适用于多种 Web 应用程序。由于其灵活性、健壮性和庞大的生态系统，Next.js 可以用于构建任何应用程序。

在编写本书时，可以说，Next.js 普遍适用于各种场合。

关于可能的一些场合，下面将通过一些小型项目来巩固我们所学的 Next.js 知识，随后将深入讨论网站开发方面的内容。

14.2 基于 Next.js 的真实应用程序

最好的学习方法是亲身体验。本书曾介绍了一些较为复杂的主题，并描述了构建真实的 Next.js 应用程序的各种方法。

接下来，我们将亲自编写一些真实的应用程序。

当作者开始自己的软件工程师的职业生涯时，曾很难找到合适的示例程序供进一步学习，接下来我们将讨论一些有价值的内容。

14.2.1 流式网站

流媒体应用程序已经成为我们生活的重要组成部分，并永远地改变了我们观看电影和电视节目的方式。对于那些想要创建真实应用程序的人来说，这无疑是一个较好的用例。

作为第 1 个真实的项目，建议克隆一个你最喜欢的流媒体服务，且需要遵守下列规则。

❏ 显示源自 https://www.themoviedb.org 数据库的电影列表。该站点公开了一些免费的 REST API。另外，读者还可访问 https://www.themoviedb.org/documentation/api 查看相关文档。

❏ 进一步的工作包括，必须对用户进行身份验证，以查看应用程序中可供观看的所有影片。

❑　用户可在电影页面上观看预告片。

❑　全部图像必须使用 Next.js 的<Image/>组件处理。

❑　用户可登录和注销。

在开始编写应用程序代码之前，建议读者尝试回答下列问题。

❑　针对各自的电影页面，应采用哪一种渲染策略？

❑　应该将应用程序部署于何处？

❑　浏览网站时，如何确保用户已登录？

❑　如果数百或数千个用户浏览网站,应用程序的执行方式是什么？是否应修改第 1 个问题的答案？

当然，当构建应用程序时，还需要考查其他方面的内容，但将上述问题可视为一个良好的开始点。

在后续示例中，我们将查看不同类型的应用程序，但当前需要满足一些既定的技术需求条件。

14.2.2　博客平台

假设需要构建一个博客站点，并将 Next.js 绑定至一个无头 CMS 上，此处为 GraphCMS。这里，我们需要考查下列需求条件。

❑　样式化 UI 必须使用 TailwindCSS。

❑　编码应用程序必须使用 TypeScript。

❑　每个博客页面必须以静态方式在构建期进行渲染。

❑　UI 应尽可能地与你最喜爱的博客相似。

❑　用户可登录站点并将文章保存至阅读列表中。

❑　全部图像必须采用 Next.js 的<Image/>组件进行处理。

❑　SEO 较为重要，必须达到 100% Lighthouse SEO 评级。

如果读者尚不熟悉 TypeScript，这里也不必过于担心。Next.js 采用渐进方式使用 TypeScript。

感兴趣的读者还可构建一个简单的编辑页面，并于其中编写文章，进而在网站中共享该文章。

在这个练习中，读者必须遵循严格的需求条件（如使用 CMS、样式化方法和语言）。在下一个示例中，读者可自由地制定与技术栈相关的决策。

14.2.3　实时聊天网站

这可能是一个相对复杂的示例，并可更好地展现 Next.js 的强大功能。读者需要构建一个实时聊天应用程序，并包含下列特性。

- ❑　必须包含多个聊天房间。
- ❑　仅填写用户名称即可进入任意一个房间，且无须登录。
- ❑　当进入一个房间后，用户可访问聊天室的全部历史记录。
- ❑　通信必须以实时方式进行。
- ❑　用户可创建新的聊天房间。

该练习必须考虑多方面的因素。例如，如果用户知晓给定的房间 URL，并尝试在未输入名称的情况下进入。全部消息应被存储于何处？这些消息如何以实时方式被发送和检索？

为了回答最后两个问题，许多产品可帮助我们构建安全、实时软件，Google Firebase 无疑是令人关注的一款软件，并提供了一个端到端加密的免费实时数据库，可以轻松创建任何聊天应用程序。

14.3　后续发展

前述内容展示了某些思想，在此基础上，我们可应用并巩固我们所学的 Next.js 方面的知识。

尽管我们已经探讨了许多话题，但依然存在改进的空间。但这一次，我们已经掌握了开发 Next.js 项目的所有信心，继续前行的最佳方法是实现真实的应用程序。

从现在开始，我们已经知道如何利用 TypeScript 或 JavaScript 从头开始构建 Next.js 项目、如何自定义其 webpack 配置、如何添加外部 UI 库，如何选择不同的渲染策略，以及如何部署应用程序等。

Next.js 是一个快速发展的框架，读者应关注来自 Next.js 核心开发人员和 Vercel 方面的消息、积极参与 Next.js Conf（在线会议），以及经常阅读 Next.js 的官方博客，对应网址为 https://nextjs.org/blog。

读者将会惊讶于 Next.js 的快速发展及其改变 Web 的方式。

再次强调，当读者开始使用 Next.js 时，最好的方法就是了解其最新版本和特性。

14.4　本章小结

本书涵盖了编码 Next.js 应用程序所需的全部知识。作者也坚信读者能够利用 Next.js 这一产品级的 React 框架，编写快速、可靠和可维护的站点。

本章介绍了 Next.js 如何在众多领域内成为了游戏规则的改变者，以及它如何改变 Web 应用程序的编写方式。Next.js 是一个快速发展的框架，因而读者应关注其最新的版本，并使用其最新的增强特性。

此外，我们还讨论了 3 个真实的应用程序，这一部分内容展示了如何编写产品级的应用程序。

合上这本书，并开始编写代码，享受我们生活的时光。Next.js 的存在让开发人员的体验变得非常美好。